夜间通风条件下屋顶绿化的热工性能研究

Thermal Analysis of Green Roofs with Night Ventilation

蒋 琳 著

中国建筑工业出版社

图书在版编目（CIP）数据

夜间通风条件下屋顶绿化的热工性能研究 = Thermal Analysis of Green Roofs with Night Ventilation / 蒋琳著. — 北京 ：中国建筑工业出版社，2023.6（2024.5 重印）
ISBN 978-7-112-28845-8

Ⅰ. ①夜… Ⅱ. ①蒋… Ⅲ. ①屋顶－绿化－建筑热工－节能设计－研究 Ⅳ. ①TU111.4

中国国家版本馆 CIP 数据核字(2023)第 112581 号

数字资源阅读方法：

本书提供全书图片的电子版（部分图片为彩色），读者可使用手机/ 平板电脑扫描右侧二维码后免费阅读。

操作说明：扫描授权进入“书刊详情”页面，在“应用资源”下点击任一图号（如图 1.1），进入“课件详情”页面，点击相应图号后，再点击右上角红色“立即阅读”即可阅读相应图片电子版。

若有问题，请联系客服电话：4008-188-688。

责任编辑：李成成
责任校对：李美娜

夜间通风条件下屋顶绿化的热工性能研究
Thermal Analysis of Green Roofs with Night Ventilation
蒋 琳 著
*
中国建筑工业出版社出版、发行（北京海淀三里河路 9 号）
各地新华书店、建筑书店经销
北京红光制版公司制版
北京中科印刷有限公司印刷
*
开本：787 毫米×1092 毫米 1/16 印张：9¼ 字数：225 千字
2023 年 8 月第一版 2024 年 5 月第二次印刷
定价：**49.00** 元（赠数字资源）
ISBN 978-7-112-28845-8
(41228)

前　言

由于植物及土壤的遮阳及蒸腾蒸发作用，屋顶绿化在夏季白天有非常显著的隔热降温效果，但在夜间土壤的热容量较高，会阻止室内热量向室外散发。而夜间通风这一被动式的降温方式，利用室外空气作为天然冷源冷却建筑围护结构或室内蓄热材料，在次日将存储的冷量释放以降低室内温度，这恰好可以弥补屋顶绿化在夜间散热困难的不足。在文献搜集阅读的过程中，笔者发现虽然有大量针对绿化屋顶和夜间通风的研究，但将这两者结合起来的却很少。大部分关于绿化屋顶的研究都是在门窗关闭的条件下进行，这种方式适宜于全天开启空调的情况，如酒店、医院等，但对于办公楼、学校、商场以及各种展馆等公共建筑，夜晚处于无人使用的状态，可以利用夜间通风来降低室内温度并蓄存冷量用于次日白天抵消部分房间得热；此外对于住宅来说，在夏季不太炎热的夜间，人们也希望开启门窗，引入自然风以改善室内空气品质。因此，如果将绿化屋顶和夜间通风两种技术相结合，既可改善建筑空间的热环境又能增强人体的舒适感。然而，由于植物和土壤特殊的热物性，目前针对夜间通风作用下屋顶绿化热工性能的研究较少，如何量化降温效果，使这一有效的节能技术得以推广，对于从事该领域的研究者和设计者都是一项挑战。

为具体研究将这两种技术结合后对建筑室内热环境的改善，以及对屋顶传热的影响，笔者对自主搭建的两个构造、规格完全相同的独立实验箱进行了实验研究。通过实验数据的整理分析得出，在白天屋顶绿化相当于一个冷源，阻挡并吸收大部分太阳辐射，当植物处于茂盛期时，只有15%以下的热量通过屋顶进入室内；由于土壤较强的蓄热作用，在夜间绿化屋顶相当于保温层，阻止室内热量向室外散发。此时采用夜间通风，将室外冷空气引入室内可有效改善屋顶绿化在夜间不利于散热的问题。

此外，本书还对影响室内温度及屋顶内表面热流的气象参数（太阳辐射、室外空气温湿度、风速、土壤含水量）做了相关性分析，得出结论：太阳辐射对绿化屋顶和裸屋顶外表面温差、室内温差及热流差的影响最为显著，其次是室外空气温度及室外风速。土壤含水量与绿化屋顶内外表面温度及热流量的相关性较强，表明增加土壤含水量可在很大程度上降低屋顶内外表面温度，从而降低室内温度，并使得热量由室内流向室外。

通过对落地生根和德国景天两种植物透射率的测量数据整理后得到每天的平均值进行回归分析，得出绿化屋顶植物的透射率是一个随时间变化的动态值，随着植物叶片在生长过程中逐渐茂密，其遮阳性能也大为提高。基于此本书提出了绿化屋顶叶片动态遮阳系数LSC（Leaf Shading Coeffient），该系数是与天数相关函数。此外，通过实验数据分析，本书还得到绿化屋顶和夜间通风共同作用下实验箱的热传递公式。

为量化建筑节能潜力，本书提出了夜间通风作用下屋顶绿化降温效果评价指标屋顶温差比率 RTDR 和屋顶内表面放吸热比 RHR。屋顶温差比率 RTDR 将屋顶内表面最高温度的降低能力归一化为室外昼夜温差对屋顶温差比率 RTDR 的影响，可用于不同系统、不同气候条件下采用夜间通风时屋顶绿化降温效果的相互比较。屋顶内表面放吸热比 RHR 可分别反映绿化屋顶和夜间通风对降温隔热的贡献。

根据所测得的实验数据，本书采用能耗模拟软件 EnergyPlus 建立数值模型，通过与实验数据进行对比来验证模型的准确性。进而以该模型为基础，改变影响室内热环境的各个参数，进行了一系列模拟。通过对夜间通风作用下的绿化屋顶房间热环境的单因素分析并对各因素对降温效果的相关性排序后发现，对屋顶内表面温差比率影响最大的是屋顶构造层及土壤厚度，其次是昼夜温差、外墙热阻、灌溉量、换气次数、叶面积指数，与植物高度相关性最低。同时发现绿化屋顶的结构层和土壤层在热量传递上相互影响，须将其看作一个整体进一步研究。因此，对土壤层厚度和结构层蓄热性能同时作用时对室内热环境以及屋顶的蓄放热的影响进行分析后，得出结论：为加强夜间通风与绿化屋顶联合作用的降温效果，在条件允许的情况下，应尽量选择蓄热性能高的屋面板材料和较厚的土壤。

最后，在单因素分析的基础上，采用 EnergyPlus 软件模拟计算得到不同屋顶蓄热材料、不同土壤厚度、不同换气次数下室内外最大温差随室外昼夜温差变化的函数曲线。以此作为衡量夜间通风作用下绿化屋顶降温效果的工具。该评价工具简单有效，能广泛地运用于各类适宜采用夜间通风和绿化屋顶相结合的建筑中。设计人员、开发商和使用者都能较为直观地了解该项节能技术在夏季的降温效果。

本书通过实验研究对夜间通风作用下绿化屋顶的各层温度及内表面的吸放热情况进行系统深入的分析，得出各环境要素（太阳辐射、室外空气温湿度、风速、土壤含水量）与绿化屋顶传热特性相关性系数。提出两种景天科植物在生长过程中随天数变化的动态遮阳系数方程以及绿化屋顶和夜间通风共同作用下实验箱的热传递方程。提出夜间通风作用下屋顶绿化隔热蓄冷的评价指标：绿化屋顶内表面温差比率 RTDR 和放吸热比 RHR。将这两个指标结合起来，既可预测、评价夜间通风条件下屋顶绿化的降温效果，又可分析两者在屋顶传热过程中所占的比重，对现有热工参数进行补充。通过模拟对影响绿化屋顶及夜间通风的各主要影响因素进行分析，找出这些因素与屋顶内表面温度及热流之间的关系。同时对影响绿化屋顶内表面温差比率 RTDR 和放吸热比 RHR 的相关因素进行排序，得到室内外温差与室外昼夜温差的函数曲线，为评估夜间通风作用下绿化屋顶降温效果提供参考。

本书由四川省科技厅科技计划青年科学基金项目（2022NSFSC1064）、西南科技大学博士基金（18zx7160）及西南科技大学土木工程与建筑学院发展基金资助出版。

由于作者水平有限，书中难免有疏漏和不妥之处，恳请业内专家和广大读者批评指正！

目 录

1 绪　　论

1.1 研究背景及意义

近一个世纪，随着经济的快速增长和城市化进程的加快，人们的生活水平得到显著提高，但对自然过度的开发也让人类不得不面对环境恶化、能源短缺等一系列严峻的问题。在世界范围内，建筑能耗占全球总能耗的40%，由此带来的CO_2排放量达到了40%（Aflaki et al.，2015；Calautit et al.，2014a）。据统计，建筑耗电量占全球总耗电量的30%（Urge-Vorsatz et al.，2015）；而供暖、通风、空调能耗已超过整个建筑相关能耗的60%（Manzano-Agugliaro et al.，2015；Chenari et al.，2016；Moosavi et al.，2014；Santamouris，2016），其中大部分能源由煤、石油、天然气等不可再生化石资源提供（Hanif et al.，2014）。根据《中国建筑能耗研究报告（2020）》，2018年我国建筑运行能耗占全国能源消费总量的21.7%，建筑运行阶段碳排放占全国能源碳排放的21.9%（中国建筑节能协会，2021）。这些问题在城市显得尤为突出，各种废气的排放、建筑围护结构对太阳辐射热的过量蓄积，加之城市绿地和水体有限，使得城市空气温度相比于郊区和农村有明显的提高（Santamouris et al.，2001；Oke et al.，1991）。

在我国，随着各种节能措施和技术的应用，建筑保温性能得到了极大的改善。然而，由于人们对室内热环境的要求提高、现代建筑的普及、建筑内部热源的增加以及城市环境温度升高、全球气候变化等因素的影响，夏季空调能耗在近年来迅速增长（Santamouris et al.，2013；Artmann et al.，2010）。Santamouris等人（2001）对雅典、希腊的城市进行的实测表明，热岛效应导致建筑夏季能耗增加1倍，高峰耗电量增加2倍，空调能效比降低25%。国际能源署（International Energy Agency）预测，到2050年用于夏季降温的能源需求将大幅上升，全球增长率约为150%，发展中国家为300%～600%。夏季空调能耗的增加导致城市污染种类增多、规模扩大、臭氧浓度急剧升高（Stathopoulou et al.，2008；Sarrat et al.，2006），室内外热舒适性的恶化已经危及人类的健康状况和生活质量（Calautit et al.，2014b）。特别是在使用空调系统的建筑中，在冷凝器中滋生的真菌附着于灰尘上经过风管和通风口进入室内，而空调器的过滤网上也会附着大量的真菌（Santamouris et al.，2013）。这些真菌可能导致建筑内工作和生活的人患上“病态建筑综合征”（Sick Building syndrome）（EPA，2007）。据美国环境保护署（United States Environmental Protection Agency，EPA）统计，长期处于空调房间的人感染“病态建筑综合征”的概率是处于非空调房间人的30%～200%（EPA，2007）。由于人们80%～90%的时间都在室内，因此提高室内空气品质对保护人类健康至关重要（Chenari et al.，2016；Zomorodian et al.，2016）。

近些年来，人们更加关注石化等不可再生能源的节约、天然可再生能源的利用、生态和生存环境的改善，“可持续建筑”“绿色建筑”“零能耗建筑”“绿色城市”等概念也逐渐进入我们的视野。建筑热工设计，就是要平衡建筑能耗、室内热环境和室内空气品质三者的关系，如图 1.1 所示。

与夏季采用空调系统降低室温相比，被动式降温技术具有节约能耗、减少温室气体排放的优点，更符合“可持续建筑”的理念（Geetha et al.，2012），将为我国“双碳”目标做出重要贡献（仇保兴，2021）。因此，各国政府、投资商、设计师和用户都更倾向于采用被动式建筑节能措施来改善夏季热环境。目前得到广泛认同的被动降温策略是：预防得热、增强散热和调节得热（Santamouris et al.，2013；Geetha et al.，2012）。预防得热可以通过减少建筑得热来实现，如种植树木、屋顶绿化、墙面绿化、采用节能玻璃窗、遮阳、改善围护结构保温隔热性能等；增强散热则是采用天然冷源如土壤、地下水、湖泊、河流、空气等冷源吸收建筑外部和内部人员、设施所产生的过热量；调节得热主要依靠改变围护结构的蓄热能力实现（Zoulia et al.，2009；Jomehzadeh et al.，2017）。近些年的研究表明，这些措施在改善气候、减少热岛效应、节约能耗方面都卓有成效（Gaitani et al.，2011；Santamouris et al.，2012；Chenari et al.，2016；Santamouris et al.，2013）。

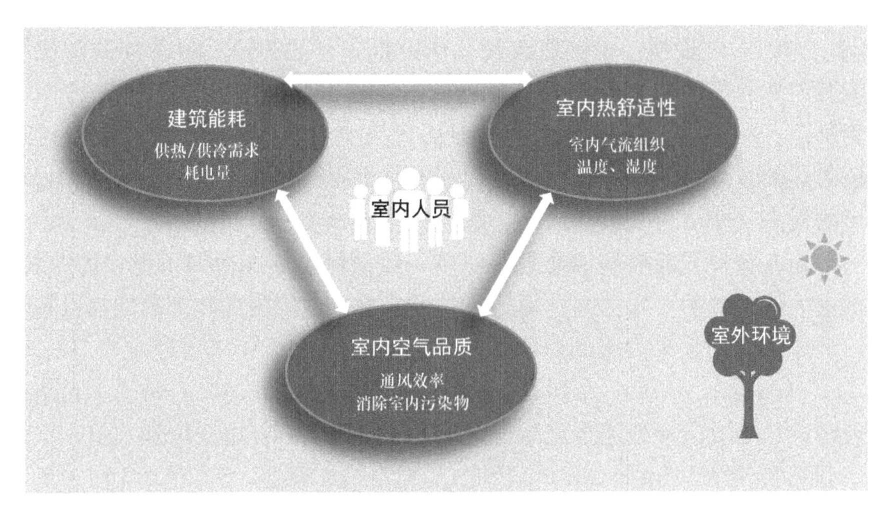

图 1.1　能耗、室内热舒适性、室内空气品质、室外环境间的相互关系

本书涉及的内容包括了绿化屋顶、夜间通风和蓄热体利用三个方面，如图 1.2 所示。其中，绿化屋顶是通过预防得热达到降低夏季室内温度；夜间通风是利用增强散热降低室内及围护结构温度；同时，在夜间通风过程中又利用了围护结构的蓄热性即“调节得热”来实现被动节能的目标。因此，本书所采用的三种节能措施符合目前被世界广泛接受的被动式节能策略的思路，三管齐下以期望实现环保、节能、健康、舒适的绿色建筑理念。

Xiao 等人（2014）对中国的建筑能耗进行了调查，发现在与建筑相关的各项能耗中，屋顶所占建筑能耗高达 20%～40%。而屋顶在城市表面积所占的比重也相当大。Akbari 等人（2009）对美国 4 个城市进行了调查，发现屋顶面积占整个城市表面积的 20%～25%，假设城市面积占全球陆地面积的 1%，则全球的屋顶面积估计可达 3.8×10^{11} m^2。

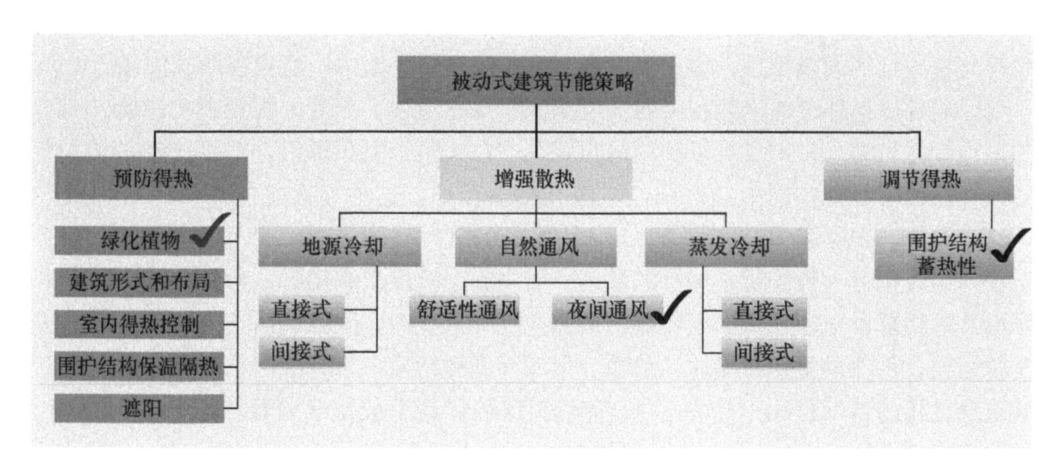

图 1.2　被动式降温策略

所以改善屋顶的热工性能对降低建筑能耗有着重要的意义。

与传统保温隔热屋顶相比，绿化屋顶最显著的优势是植物及基质可以阻挡太阳辐射对屋顶表面的直接照射，而植物的蒸腾及光合作用可以消耗大部分的太阳辐射，同时植物还可以减少屋顶长波辐射、吸收潜热，从而降低绿化屋顶周围的室外温度、增加湿度、改善建筑周围的微气候、显著降低建筑能耗（Feng et al.，2010；Bowler et al.，2010；Ould-boukhitine et al.，2012；Welsh-Huggins and Liel，2017）。因此，绿化屋顶是建筑相关部门大力推广的节能手段之一（He et al.，2010）。Gill 等人（2007）的研究表明，在英国曼彻斯特增加 10%的绿化植物可以使该城市在未来 80 年的室外空气温度降低 4℃。Niachou 等人（2001）通过实验测量和数值模拟得出，绿化屋顶可节能 2%～48%（绿化屋顶面积越大节能越多），可降低室内空气温度 4℃。通过合理的设计、施工和维护，绿化屋顶可延长 20～30 年的屋顶寿命（Tabares-Velasco and Srebric，2009，Rincon et al.，2014，Jaffal et al.，2012），减少 25%～75%的城市雨水径流（Castleton et al.，2014；Speak et al.，2013；Vijayaraghavan et al.，2012；VanWoert et al.，2005）。

除此之外，研究表明绿化屋顶在旧建筑改造中有巨大的节能潜力。Wilkinson 等人（2009）对墨尔本中央商务区 536 栋商业建筑的调查显示，15%的建筑适宜进行绿化屋顶节能改造，并且混凝土屋面的旧建筑最适合进行绿化屋顶改造。Castleton 等人（2010）的研究表明，相比新建筑，旧建筑增加绿化屋顶更有利于节能，因为旧建筑围护结构保温薄弱，进行绿化屋顶改造在空调季和采暖季都可以节约更多能耗。

鉴于城市用地寸土寸金，大面积种植植物或增加水体非常困难且不切实际。与此同时，随着城市化进程的推进，高楼林立，绿化用地被最大限度地挤压。而绿化屋顶恰好有效利用了屋顶这一城市面积比重非常大的资源，既可以增加城市绿化面积，又可以节约建筑能耗，且由于城市地价高昂，所需成本比直接在地面上种植绿化植物低得多（Mathieu et al.，2007）。

He 等人（2016）在对上海同济大学校园内 2 个实验房的测量中得出，在全天关闭门窗的情况下，有屋顶绿化的房间在夜间的室内温度比无屋顶绿化的房间高 2.5℃，这体现出屋顶绿化的保温性能。这种性能在冬季非常有利，但在夏季的夜间会阻止室外温度较低的空气与室内空气的热交换。由于夏季夜间室外温度低于室内，且在夜间长波辐射的作用下，无绿化的屋顶外表面降温程度和速度都高于绿化屋顶。因此，在夏季，如果将夜间通风与屋顶绿化相结合，不仅可以利用绿化屋顶在白天阻挡太阳辐射，还可在夜间引入室外冷空气，使冷量蓄存在围护结构中，在次日得以释放，这种方式既可提升房间的热舒适性，又能有效减少空调能耗（La Roche et al.，2014）。

夜间通风是另一种传统、经济的被动节能措施，被广泛应用于各种建筑之中。夜间通风降温技术将夏季室外夜间温度较低的凉爽空气引入室内，降低室内空气温度，并冷却建筑围护结构，将冷量蓄存在墙体、地面、顶棚等围护结构中，并在次日白天释放冷量以防止建筑物过热的情况产生（Balaras，1996）。这种被动节能技术可显著改善室内热环境、节约空调能耗（Ramponi et al.，2014，Barzin et al.，2015，Pfafferott et al.，2004）。实验表明，夜间通风可降低20%～25%的空调能耗，如未开启空调，则可使室内温度降低3℃（Kolokotroni et al.，1999；Kubota et al.，2009；Santamouris et al.，2013）。

在这个对各个领域的专业研究都日趋成熟的时代，更多的研究者开始进行专业交叉、技术融合方面的探索。因此，如何将绿化屋顶和夜间通风这两个已被广泛认同和应用的建筑节能技术结合起来，是本书的研究目标和重点。在文献搜集阅读的过程中，笔者发现虽然有很多针对绿化屋顶和夜间通风的研究，但将这两者结合起来的却很少。并且大部分关于绿化屋顶的研究都在门窗关闭的条件下进行，这种方式适宜于全天开启空调的情况，如酒店、医院等，但对于办公楼、学校、商场以及各种展馆等公共建筑，夜晚处于无人使用的状态，非常适宜利用夜间通风来降低室内温度并蓄存冷量；此外对于住宅来说，在夏季不太炎热的夜间，人们也希望开启门窗，引入自然风以改善室内空气质量。因此，如果将绿化屋顶和夜间通风两种技术相结合，既可改善建筑空间的热环境又能增强人体的舒适感并且增加心理愉悦感。尽管世界各地均有许多利用绿化屋顶和夜间通风在夏季进行被动式降温的成功案例，但由于植物和土壤特殊的热物性，目前尚未开发出将绿色屋顶热工性能纳入建筑物能量负荷计算的标准化设计方法；而采用夜间通风进行热舒适性预测存在很多不确定性，因此大部分建筑师和工程师仍然对两种技术应用持保留态度。特别是将两种被动节能措施结合后，对屋顶与室内空气传热特性方面的研究还存在很大的空缺。

1.2 绿化屋顶研究综述

1.2.1 绿化屋顶概述

1. 屋顶绿化的概念及作用

绿化屋顶，国外文献通常称之为“Green roofs”“Living roofs”“Eco roofs”，是指在建筑物的屋面全部或部分种植绿化植物（Castleton et al.，2010）。实验表明，绿化屋顶可以反射27%的太阳辐射，60%的太阳辐射可通过光合作用被吸收，而剩余13%的太阳辐射则透过植物进入种植基质（Weng et al.，2004；Wong et al.，2003b）。因此，实际进入室内的太阳辐射被大大削弱。绿化屋顶除了可以降低室内空气温度，节约能耗之外，还可以有效地储存和过滤雨水、减少城市径流、改善径流水质、优化城市环境、减少热岛效应、降低 CO_2浓度、吸声、延长防水层寿命、阻止火灾蔓延、美观、增加生物多样性、给生物提供栖息地（Jamei et al.，2021）等功效。

绿化屋顶作为一种建筑屋面形式，其应用由来已久，最早的绿化屋顶可追溯到4000多年前古代苏美尔人所建造的石砌亚述古庙（Shimmy，2012），而最著名的古代绿化屋为世界七大奇迹之一的巴比伦“空中花园”（金武，2012；杨真静，2013；Williams et al.，2010）。早期的绿化屋顶覆土多较厚，而近代随着科技的进步，各种新型材料的问世，以及屋顶荷载的限制，轻质屋顶绿化逐渐兴起。欧洲、北美洲以及一些亚洲国家都有较深入的实践，其中，处于世界领先地位的当属德国，在绿化屋顶种植技术及配套法规上德国都走在世界的前列（Zhang et al.，2012），有很多值得我们吸收借鉴的地方。

2. 屋顶绿化的分类

根据绿化屋顶的构造方式，可分为传统覆土型、容器型以及预制草甸。传统覆土型绿化屋顶从上到下一般由以下几个部分组成：植物、植物生长基质、过滤层、排水层、阻根层、防水层（Saadatian et al.，2013；Snodgrass et al.，2006）。而容器型绿化屋顶则对以上各部分进行整合，将植物栽种于容器中的种植基质中后，直接放置在屋顶，由于施工便利，近些年得到了广泛的应用（杨真静，2013）。预制草甸是在绿化屋顶生产厂栽培出成品地毯式草皮，按屋顶面积进行剪裁，再运送到现场铺设。

根据屋顶使用功能、植物类型、施工方式、养护程度等因素，绿化屋顶又可分为粗放型和精细型（Vijayaraghavan，2016；Raji et al.，2015；Xiao et al.，2014；Santamouris，2014；Castleton et al.，2014），有些文献细分为粗放型、精细型和半精细型（Raji et al.，2015，杨真静，2013）。粗放型绿化屋顶覆土较薄，厚度一般为6～20cm，选取苔藓、景天科、草本类植物（Raji et al.，2015），自重轻，易栽培，不需要过多的养护（Castleton et al.，2010），大多数不需要灌溉（Berardi et al.，2014），适用范围广（Castleton et al.，2014）；精细型绿化屋顶覆土厚度大于20cm，可以种植小型树木、灌木等（Williams et al.，2010；Zhang et al.，2012），因此需要更多的养护措施，如灌溉、除草、施肥等（He et al.，2016），自重较大。精细型绿化屋顶的主要功能是美化环境、给人们提供休憩和娱乐的场所（Jim et al.，2011b），但需要对原有屋顶进行加固，且养护费用更高（He et al.，2016）；半精细型为前两者兼有的复合型绿化屋顶，其中粗放型所占比例必须大于25%（Raji et al.，2015）。分类详情见表1.1。

根据屋顶的建筑形式，绿化屋顶又可以分为平屋顶绿化、斜坡绿化屋顶以及拱、弧形绿化屋顶。不同的屋顶建筑形式决定了屋顶绿化不同的构造类型、设计方法：平屋顶是指屋顶坡度在5°以下的屋顶，是实施屋顶绿化的最可行、最普遍的建筑结构形式；斜坡屋顶一般指屋顶坡度大于5°的斜面屋顶，包括单坡顶、两坡顶和多变坡顶等（李艳，2011）。在斜坡屋顶上进行绿化难度较高，植物所需养分、水分易于流失，施工管理养护不方便。这类屋顶多采用草坪式屋顶绿化方式，种植养护要求不高的草坪和地被植物；拱、弧形屋顶进行屋顶绿化时相对难度也较大，通常采用地毯式覆盖草坪的简易屋顶绿化形式（杨程程，2012）。

绿化屋顶的分类（Coma et al.，2016；Raji et al.，2015） 表 1.1

	粗放型绿化屋顶	半精细型绿化屋顶	精细型绿化屋顶
装配	厂家生产，现场铺设	现场栽种	现场栽种
养护要求	低	定期	高
灌溉	无	定期	频繁
植物	苔藓、景天科、草本	草本、灌木	草本、灌木、树
系统高度	6～20cm	12～25cm	＞20cm
荷载	60～150kg/m^2	120～200kg/m^2	180～970kg/m^2
造价	低	中	高
功能	生态保护层、隔热降温	美观、隔热降温	观赏、休憩、隔热降温

1.2.2 绿化屋顶理论研究综述

由于绿化屋顶在隔热降温方面有着巨大的节能潜力，近些年各国学者从各个方面对其进行了大量的研究。笔者通过阅读整理，从绿化屋顶的植物特性、季节性、对供暖空调节能效果、传热等几个方面，对现有研究进行了以下归纳总结：

1. 绿化屋顶对传热的影响

在植物遮阳、蒸发冷却、土壤隔热的共同作用下，绿化屋顶阻止了大部分热量进入室内（Tabares-Velasco et al.，2011；Getter et al.，2011；Jim et al.，2011b），而绿化屋顶的这些特殊性决定了其传热情况不同于目前常用的保温屋顶。

Liu 等人（2005）对加拿大多伦多一个社区中心的绿化屋顶及沥青防水倒置保温屋顶温度、热流进行了测量。结果显示绿化屋顶在夏季可减少 70%～90%的热量进入室内，在冬季可阻止 10%～30%的热量散失。由于绿化屋顶的土壤比普通屋顶的热惰性强，对从屋顶进入的热量起到了延时作用。

Pandey 等人（2013）在印度乌贾因的研究表明种植灌木的绿化屋顶与裸屋顶相比，可降低 74.3%的热流进入室内，且土壤越厚，隔热性能越好。

Sun 等人（2013）在中国清华大学及美国普林斯顿大学校园内进行了实地测试，对实验数据进行数值模拟计算表明，通过绿化屋顶的热流明显低于裸屋顶。该研究还得出，两地绿化屋顶热工特性与太阳辐射和降水量有密切关系。

He等人（2016）在中国同济大学校园内自建的实验板房进行了绿化屋顶和裸屋顶在夏季空调关闭和开启时的对比实验。当不开空调且门窗关闭时，绿化屋顶在白天相当于一个冷源，吸收来自室内和室外的热量，但在夜间绿化屋顶则相当于一个热源，向室内和室外释放热量；裸屋顶与此相反，在夜间裸屋顶室内温度比绿化屋顶低2.5℃。绿化屋顶与裸屋顶在夏季晴天最大热流差为15W/m^2，室内最大温差为2.5℃。绿化屋顶可极大地缓解屋顶表面的昼夜温差波动，裸屋顶在一天中的温度波动可达39.0℃，而绿化屋顶只有6.5℃。在开启空调时，绿化屋顶和裸屋顶的传热方式相同。

Costanzo等人（2016）以意大利西西里大区卡塔尼亚大学内的办公楼为建筑模型，用能耗模拟软件EnergyPlus对比了使用绿化屋顶、传统无保温屋顶和保温屋顶在意大利卡塔尼亚、罗马、米兰三座城市的屋顶表面温度及屋顶的热流情况。模拟结果显示，在夏季晴朗白天绿化屋顶的外表面温度和高反射率的保温屋顶外表面温度均低于传统无保温屋顶。当每周进行3次灌溉时，绿化屋顶相比传统屋顶最多可减少75%的热流进入室内，无灌溉时最多可减少54%的热流进入室内。

2. 绿化屋顶对空调能耗的影响

大量研究表明，绿化屋顶在降低空调能耗方面有非常显著的功效（Morau et al.，2012；Spala et al.，2008）。Alexandri等人（2008）通过C++程序模拟世界具有气候代表性的9个城市的绿化屋顶及绿化墙的建筑空调能耗：巴西利亚和中国香港夏季空调能耗可降低100%；伦敦和莫斯科由于夏季凉爽，并未体现出节能效果；利雅得可降低夏季空调能耗90%，北京可降低空调能耗64%，见表1.2。对于炎热干旱的利雅得，有绿化屋顶时的降温效果最为明显，绿化屋顶基质下层与裸屋顶对比平均降温12.8℃，最多可降温26.0℃，植物冠层下最多降温11.3℃，平均降温9.1℃。此外，该研究通过对城市尺度的模拟得出，绿化屋顶对热岛效应的缓解能力优于绿化墙，且越炎热的地区，降温效果越好（Alexandri et al.，2008）。

Santamouris等人（2007）对希腊雅典某护士学校的绿化屋顶冬夏两季的降温效果及节能情况进行了实地测量和数值模拟。研究表明，绿化屋顶在夏季整栋大楼可节约空调能耗6%～49%，顶层房间可节能12%～87%。但在冬季，绿化屋顶的保温效果并不明显，未体现出对供暖能耗降低的作用。

模拟所选城市（Alexandri et al.，2008）　　**表1.2**

城市	国家	气候	位置	夏季空调能耗降低百分比
伦敦	英国	温带	51.32N，0	—
蒙特利尔	加拿大	亚北极带	45.31N，73.34W	85%
莫斯科	俄罗斯	温带大陆性（夏凉）	55.45N，37.37E	—
雅典	希腊	地中海气候带	37.59N，23.43E	66%
北京	中国	北温带大陆性季风气候带	39.48N，116.23E	64%

续表

城市	国家	气候	位置	夏季空调能耗降低百分比
利雅得	沙特阿拉伯	热带沙漠气候区	24.38N，46.43E	90%
香港	中国	亚热带	22.16N，114.12E	100%
孟买	印度	热带季风	18.54N，72.5E	72%
巴西利亚	巴西	热带草原	15.48S，47.54W	100%

Silva 等人（2016）通过对葡萄牙（地中海气候）实验及数值模拟空调能耗得出，对于精细型、半精细型、粗放型绿化屋顶，粗放型在夏季空调能耗最多，冬季供暖能耗三种屋顶相差不大。该研究还指出，绿化屋顶更适合运用在旧建筑中，因其屋顶保温性能差，植物的蒸发冷却作用更容易发挥其优势。且在夏季夜晚，由于室外空气低于室内，保温层会阻碍热量散发，不利于降温。

Costanzo 等人（2016）运用模拟软件 Energyplus 对意大利（地中海气候）的三座城市绿化屋顶、传统无保温屋顶和保温屋顶的模拟得出，绿化屋顶在夏季空调节能效果与表面涂白的保温屋顶相当，但在冬季，绿化屋顶对供暖能耗的节约情况优于保温屋顶。其模拟结果与 Gagliano 等人（2015）研究相似。

此外，由于一些研究指出绿化屋顶加保温层不利于夏季室内热量散发，反而会增加夏季空调能耗，部分学者对此进行了专门的研究。Jaffal 等人（2012）用模拟软件 TRNSYS 对法国温带一个住宅建筑采用传统屋顶和绿化屋顶时的能耗进行了对比。结果显示绿化屋顶在无保温层时节能 48%，当在绿化屋顶下层增加 5cm 保温层后仅节能 10%。Niachou 等人（2001）的模拟也得出相同结论：无保温节能 48%，中等保温节能 7%，高强度保温节能 2%。Santamouris 等人（2007）用 TRNSYS 模拟了绿化屋顶有无保温层的能耗情况，在夏季无保温层可节能 15%～49%，加保温层节能 6%～33%。

表 1.3 总结了近年来对于不同的气候特征，以及绿化屋顶对空调采暖能耗的节能研究。

不同气候区节能研究 **表 1.3**

气候特征	研究内容	文献
温暖	阻止太阳辐射对屋顶结构层的照射； 直接减少太阳辐射； 减少室内温度波动； 降低室内温度峰值； 降低空调能耗	Ouldboukhitine et al.，2011；Simmons et al.，2008；Niachou et al.，2001；Spala et al.，2008；Olivieri et al.，2013；Getter et al.，2011；Sun et al.，2013；Santamouris et al.，2007；Bevilacqua et al.，2016；Silva et al.，2016；He et al.，2016；Costanzo et al.，2016
温暖湿润	室内温度波动受种植基质厚度影响； 降低室内温度峰值	Bates et al.，2013；Simmons et al.，2008；Ascione et al.，2013；Wong et al.，2003b；Lazzarin et al.，2005
温暖干燥	降低室内外空气温度	Sailor et al.，2012；Moody et al.，2013

续表

气候特征	研究内容	文献
寒冷	减少昼夜温差波动； 减少热量散失； 在春、秋、冬季是否节能； 蒸发降温可能会增加冬季供暖能耗	Spala et al.，2008；Zhao et al.，2012；Ascione et al.，2013；Sailor et al.，2012；Moody et al.，2013；Coma et al.，2016；Bevilacqua et al.，2016；Costanzo et al.，2016

3. 植物特性研究

植物蒸发、蒸腾作用以及叶片对太阳辐射的反射是绿化屋顶减少太阳辐射进入室内从而降低室内温度的主要手段（Castleton et al.，2010）。植物特性对绿化屋顶的热量传递有着非常显著的影响（Wolf et al.，2008）。植物特性包括叶面积指数、气孔阻力、植物高度、植物覆盖率、反射率（Hodo-Abalo et al.，2012；Jaffal et al.，2012；Sailor，2008）。叶面积指数（Leaf Area Index）是指单位土地面积上植物叶片总面积占土地面积的倍数（李娟，2001），它很大程度上取决于植物的种类。叶面积指数一般在0.5～5.0之间（Sailor，2008），由于统计叶片面积有一定难度，叶面积指数也可进行简化计算，假如一块绿化屋顶的植物叶片在该屋顶表面上平均有2层，则可认为该绿化屋顶植物的叶面积指数为2（Sailor，2008）。绿化屋顶叶片覆盖率（Fractional Vegetative Cover）是指单位面积植物叶片占所覆盖屋顶表面的百分数，它与叶面积指数相关，但又不同于叶面积指数（Sailor，2008）。叶片反射率（Albedo）是反映叶片表面对太阳辐射的反射情况的植物特征参数（Sailor，2008）。因此，可以用反射率来表征植物对太阳辐射的削弱百分比。Castleton等人（2010）的研究表明绿化屋顶的反射率普遍在0.7～0.85之间，远高于沥青、柏油、砾石屋顶的反射率（0.1～0.2）。气孔阻力（Stomatal Resistance）是一个生物物理学参数，用于表征植物气孔水分蒸发速率（Sailor，2008）。

Wong等人（2003a）对新加坡某大楼绿化屋顶的热环境进行了实测，对比了6种不同植物种类的绿化屋顶，覆土屋顶及裸屋顶的表面温度，热流强度，不同高度的环境温度、相对湿度，绿化屋顶及裸屋顶的表面辐射强度等参数。得出结论：叶面积指数越大，遮阳降温效果越好；裸屋顶最高表面温度可达57℃，覆土屋顶最高表面温度达42℃，而绿化屋顶植物冠层下最高温度均低于36℃。叶面积指数最高（叶片最密集）的棕榈竹白天冠层下最高温度的波动小于3℃，与裸屋顶的最大差值高达26.5℃。该论文还计算得到了种植草皮、树、灌木的绿化屋顶及覆土屋顶、裸屋顶单位面积的传热量，由裸屋顶传入室内的热量在14:00达到15W/m^2，而灌木绿化屋顶最大传热量始终低于3W/m^2，且大部分时间都为负值，意味着夜间及太阳辐射不太强的白天，热量是从室内通过屋顶传向室外的，这非常有利于夏季室内的降温需求。此外，该研究还通过计算对比了不同植物在典型日的得热及放热情况（表1.4）。

典型日各类型屋顶的得热、放热情况对比 **表1.4**

屋顶种类	典型日得热量（kJ/m^2）	典型日放热量（kJ/m^2）
裸屋顶	366.3	4.2
覆土屋顶	86.6	58.0

续表

屋顶种类	典型日得热量（kJ/m²）	典型日放热量（kJ/m²）
草皮绿化屋顶	29.2	62.1
树绿化屋顶	15.6	53.3
灌木绿化屋顶	0	104.2

4. 季节特性研究

绿化屋顶在夏季的降温隔热效果在世界范围内是得到一致认同的，但在冬季及过渡季节对建筑节能是否有利，目前还存在一定的争议。

Getter 等人（2011）在密歇根州立大学校园内对绿化屋顶和当地传统的砾石屋顶的热工性能进行了测量，以此比较一年四季绿化屋顶与砾石屋顶的表面温度及传热的变化，实验所在地属夏热冬冷地区。该团队还对以往研究提出的影响绿化屋顶降温效果的各要素，如太阳辐射、室外空气温度、种植基质含水率进行了测试验证。实验装置在钢板上放置了泡沫隔热层、其上分别铺设了粗放型绿化屋顶及砾石。通过实验数据分析，得出绿化屋顶在秋季可降温 5℃，即使在寒冷潮湿的冬季，绿化屋顶的放热量仍低于砾石屋顶。当有雪覆盖时，两种屋顶隔热层上表面温度变化幅度较无雪时更小。在春秋两季，两种屋顶温度很接近，这主要是由于绿化屋顶的植物在这两个季节出现了干枯的情况，使得绿化屋顶实际上起作用的只剩下种植基质。在夏季，绿化屋顶相比砾石屋顶最多可降温 20℃，可减少 67%的热流进入室内，而在冬季只能阻止 13%热量散失（表 1.5）。

该研究还计算了绿化屋顶和砾石屋顶的温度热流比 K（$m^2 \cdot K/W$），当计算值 K 较为稳定时，可以将其等效为屋顶热阻 R；当 K 波动较大时，虽然不能将其等效为热阻，但可以用 K 判断传热的稳定性（Holman，1997）。绿化屋顶等效热阻不受季节影响。绿化屋顶和砾石屋顶的等效热阻非常接近，但砾石屋顶的 K 值曲线波动更大，从而显示出绿化屋顶热稳定性更强。该研究未计算夏季等效热阻，因为夏季太阳辐射对传热影响很大，计算所得 K 值波动很大，不能作为等效热阻（Getter et al.，2011）。

$$K = \frac{T_{inside\_ceiling} - T_{outside\_roofsurface}}{Q} \tag{1.1}$$

式中 Q——屋顶热流密度（W/m^2），Q 为负表示热流流出房间，Q 为正表示热量流入房间。

$T_{inside\_ceiling}$——顶棚内表面温度；

$T_{outside\_roofsurface}$——屋顶外表面温度。

同时，从表 1.5 可以看出，冬季热流密度明显大于夏季，说明热流密度主要由内外表面温差决定（冬季屋顶内外表面平均温差达 25℃，夏季内外表面平均温差小于 10℃）（Getter et al.，2011；Jim et al.，2010）。通过分析实验数据，该研究还得出影响绿化屋顶热特性的物理参数主要有太阳辐射、室外空气温度、种植基质含水率、冬季雪覆盖率，同时指出可通过增加基质厚度、加强灌溉，使植物更加茂盛并促进植物蒸发，以便在夏季达到更好的遮阳降温效果。

不过也有研究发现冬季绿化屋顶可能会导致更多的热损失，如 Jim 等人（2011a）对香港某商业区绿化屋顶的测量表明，冬季热量会从绿化屋顶传向室外空气，不利于冬季节能。Coma 等人（2016）在西班牙（地中海气候区）冬季的实验也表明，绿化屋顶的室内温度低于对比屋顶，在开启空调的情况下，绿化屋顶的能耗比对比屋顶高 6.8%～11.8%。而在夏季，绿化屋顶可节约空调能耗 14.7%。

绿化屋顶与砾石屋顶月、季度平均累计热流（Getter et al.，2011） 表 1.5

季节	月份	月平均累计热流（W/m²）		季度平均累计热流（W/m²）		季度平均热流减少百分比
		绿化屋顶	砾石屋顶	绿化屋顶	砾石屋顶	
秋季	9 月	1224	427	2272	2164	−5%
	10 月	2244	2357			
	11 月	3349	3708			
冬季	12 月	3061	3430	2623	3017	13%
	1 月	909	1134			
	2 月	3899	4487			
春季	3 月	163	218	591	610	3%
	4 月	440	620			
	5 月	1170	993			
夏季	6 月	347	−74	220	−327	167%
	7 月	99	−540			
	8 月	215	−367			

此外，Spolek（2008）在美国波特兰对绿化屋顶和砾石屋顶进行了连续 3 年的对比实验，结果显示绿化屋顶在冬季可减少热量流出 13%，夏季可阻止热量进入室内 67%。

Teemusk 等人（2009）在爱沙尼亚的实验也对比了轻质绿化屋顶与沥青屋顶在不同季节的植物及屋顶表面温度。在夏季，绿化屋顶基质底层温度比沥青屋顶表面温度低 22℃，且沥青屋顶表面温度在昼夜温差 21℃，绿化屋顶基质底层昼夜温差为 7℃；在冬季，由于积雪覆盖，绿化屋顶基质底层温度与沥青屋顶表面温度非常接近，绿化屋顶基质底部昼夜温差 0.8℃，沥青屋顶表面昼夜温差 2.0℃；在春秋两季，各测点温度波动较小，绿化屋顶可防止防水层由于突然冷却而开裂。

Squier 等人（2016）对美国纽约州锡拉丘兹市某会议中心的绿化屋顶进行了 2 年的测试。在夏季，当太阳辐射最大时，热流从室外流向室内；在多云及阴天，热流从室内流向室外。此外，该研究指出，绿化屋顶的保温层在夏季会削弱绿化屋顶的隔热效果。在冬季，由于绿化屋顶被积雪覆盖，其上下表面温度相对稳定，其平均热阻为 3.1m²·K/W。

表 1.6 对近年来绿化屋顶的研究进行了总结。

近年绿化屋顶热工性能研究汇总 表 1.6

文献	城市	国家	气候特征	研究方法	植物类型	研究成果
Squier et al.，2016	锡拉丘兹	美国	夏热冬冷	实验	粗放型：景天科	夏季保温层削弱绿化屋顶的降温效果，冬季绿化屋顶保温效果显著
Silva et al.，2016	里斯本	葡萄牙	夏热冬暖	实验、EnergyPlus 模拟	精细型、半精细型、粗放型	模拟显示三种类型的绿化屋顶在冬季供暖能耗几乎相等，但粗放型绿屋顶在夏季的空调能耗比半精细型和精细型高 36% 和 17%；屋顶保温层越薄，绿化屋顶的节能效果越明显
He et al.，2016	上海	中国	夏热冬冷	实验、能量平衡方程计算	粗放型：景天科	夏季夜间绿化屋顶比对比屋顶室内温度高 2.5℃；绿化屋顶在白天相当于吸热体，夜间相当于散热体，对比屋顶与此相反；太阳辐射、室外温度对绿化屋顶热流影响最大；绿化屋顶主要靠蒸发、长波辐射散热；保持土壤较高的含水量可提高绿化屋顶的降温效果
Costanzo et al.，2016	卡塔尼亚 罗马、 米兰	意大利	夏热冬暖，夏热冬冷	EnergyPlus 模拟	$LAI=2$，植物高度 20cm	当保温屋顶外表面反射率大于 0.65 时，其夏季降温效果与绿屋顶相当，但冬季保温节能效果不及绿化屋顶
Coma et al.，2016	列伊达省普奇韦特	西班牙	夏热冬冷	实验	粗放型：景天科	采用废弃汽车轮胎及采用火山灰作为排水层的绿化屋顶与保温屋顶相比，夏季可分别节约空调能耗 16.7%、2.2%，冬季则会增加采暖能耗 6.1%、11.1%；当不开启空调时，绿化屋顶在冬季保温效果不明显
Bevilacqua et al.，2016	卡拉布里亚	意大利	夏热冬冷	实验	粗放型：景天科	夏季无保温层绿化屋顶比对比沥青屋顶表面平均温度低 12℃，有保温绿化屋顶仅低 4℃；夏季绿化屋顶热流始终流向室外，可减少 100%的热量进入室内，冬季可减少 37%的热量流出室内；绿化屋顶最大平均温度比沥青屋顶延后 4.8h
Yang et al.，2015	广州	中国	夏热冬暖	实验	粗放型：景天科	绿化屋顶相比普通保温屋顶内表面可降温 4℃，瓷粒屋顶及覆土屋顶分别可降温 3.7℃、2.8℃；室内温度可分别降低 1℃、0.8℃、0.5℃；分别节能 14.5%、11.9%、7.3%；绿化屋顶基质厚度 10cm、20cm，对改善热工性能无明显效果

续表

文献	城市	国家	气候特征	研究方法	植物类型	研究成果
Virk et al., 2015	伦敦	英国	冬暖夏凉	ADMS T&H DesignBuilder 模拟	$LAI=2$，植物高度 10cm	绿化屋顶可节约冬季和夏季空调能耗，在仅通风状态可降低建筑过热程度；夏季降温效果取决于灌溉水平；保温层会削弱夏季绿化屋顶和保温屋顶的防过热能力
Jim，2015	香港	中国	夏热冬暖	实验	粗放型：佛甲草、花生	选择遮阳、隔热、反射率、蒸发强度高的植物有利于节约空调能耗；绿化屋顶在晴天节能效果较阴天及雨天明显；花生比佛甲草降低近地面温度的能力更强；基质层应采用低热容量的材料以降低向室内的散热量
Djedjig et al., 2015	拉罗谢尔	法国	夏热冬暖	TRNSYS 模拟	$LAI=3$	建立垂直绿化及屋顶绿化热质耦合数学模型用于 TRNSYS 模拟，并用实验进行验证；覆土屋顶增加热惰性，叶片遮阳对降温有利，植物蒸发可进一步降温
Bevilacqua et al., 2015	列伊达	西班牙	夏热冬冷	实验	粗放型：景天科	绿化屋顶基质的含水率对降温的作用大于叶片覆盖率；基质表层受室外气候影响显著，而基质下 8cm 处，温度趋于稳定；景天科植物可能受当地杂草入侵
Schweitzer et al. 2014	特拉维夫	以色列	夏热冬暖	实验	粗放型	对 4 种植物进行了耐旱、耐碱、耐盐实验，选择适宜以色列干旱少雨气候及盐碱土壤特性的植物；屋顶绿化植物的遮阳特性比蒸发特性对降低室内温度的作用更大；绿化屋顶在冬季可能不具备保温效果
La Roche et al., 2014	波莫纳	美国	夏热冬暖	实验、Energy-Plus 模拟	粗放型：景天科	将绿化屋顶与带有空气间层的屋顶相结合，采用温度控制风扇启闭的夜间通风模式，实验证明该方式有利于降低白天室内温度、增加室内舒适度；使用或不使用夜间通风，绿化屋顶下空气间层内的温度都最低；绿化屋顶加空气间层和无保温的绿化屋顶的室内温度比有保温层绿化屋顶和传统保温屋顶都低
Jim，2014	香港	中国	夏热冬暖	实验	粗放型：佛甲草、花生	无保温裸屋顶昼夜流入和流出的热量几乎达到平衡，而其他几种屋顶均未平衡，且流入室内的热量比重较大；有保温的裸屋顶延长了热量流入室内的时间（早晨持续到午夜），保温屋顶比未保温屋顶传入室内的热量更多；有保温的景天科绿化屋顶减少了白天热量进入室内；有无保温层对土壤较厚、枝叶茂密的花生绿化屋顶的隔热效果无明显影响

续表

文献	城市	国家	气候特征	研究方法	植物类型	研究成果
Sun et al.，2013	北京	中国	夏热冬冷	数学模型、实验验证	粗放型：景天科	建立了适用于不同气候条件和土壤含水率的绿化屋顶 PROM 数学模型；并在北京和新泽西进行了实验验证（只针对夏季），模型与实测数据拟合度极佳
	新泽西	美国				
Moody et al.，2013	波特兰	美国	夏热冬冷	数学模型、实验验证、EnergyPlus 模拟	粗放型 *LAI* =3.7	提出了绿化屋顶全年动态节能效果评价方法（Dynamic Benefit of Green Roofs，DBGR）；保温层会增加绿化屋顶的空调能耗；绿化屋顶在冬夏两季能降低 2%的空调能耗，在过渡季节会增加 5%～8%的空调；在春、夏、秋季由于植物蒸腾作用较冬季更强，绿化屋顶内表面温度比普通屋顶低；不同气候特征的地区，绿化屋顶的全年节能效果有明显不同
	芝加哥		夏热冬冷			
	亚特兰大		夏热冬暖			
	休斯敦		夏热冬暖			
Feng et al.，2010	广州	中国	夏热冬暖	实验、能量方程计算	粗放型：佛甲草	建立了粗放型绿化屋顶的能量平衡模型，并通过实验进行验证和修正；实验表明绿化屋顶的得热 99.1%来自太阳辐射，0.9%来自对流换热；58.4%的热量由植物和土壤的蒸腾蒸发作用散失，30.9%由植物冠层与空气间长波辐射交换散失，9.5%由植物的光合作用消耗，只有 1.2%的热量存储在植物和土壤之中，其中一部分通过热传导进入室内
Sailor，2008	佛罗里达	美国	夏热冬暖	数学模型、EnergyPlus 模拟、实验验证	粗放型，*LAI* =1～5	建立了适用于能耗模拟软件 EnergyPlus 的绿化屋顶能量模型，并对能耗情况做了实验验证；通过模拟验证关键参数，如土壤厚度、*LAI*、灌溉情况等的灵敏度
Niachou et al.，2001	卢特拉基	希腊	冬暖夏热	实验、TRNSYS 模拟	粗放型	实验表明绿化屋顶植物类型对降温效果影响很大，越茂密的植物降温效果越好。模拟结果显示，无屋顶保温或保温薄弱的旧建筑采用绿化屋顶的效果更佳；当门窗关闭时无保温层的绿化屋顶可节能 37%，当开启夜间通风时可节能 48%；增加保温层后节能效果有所下降，当采用较好的保温层时，全天关闭通风可节能 4%，开启夜间通风可节能 7%；采用高强度保温层时，只节能 2%

1.3 夜间通风研究综述

1.3.1 夜间通风概述

1. 夜间通风的概念及作用

夜间通风，国外文献一般称之为“Night ventilation”“Night flushing”“Nocturnal convective cooling”，是一种白天将建筑物的通风口关闭，夜间利用自然或机械通风将低温空气引入室内，冷却建筑围护结构（如墙体、楼板、梁、柱）或室内蓄热材料（如水、相变材料等），再在次日将存储的冷量释放以降低室内温度的节能技术（Yang at al.，2008；Balaras，1996；Blondeau et al.，1997；Ramponi et al.，2014；Solgi et al.，2017；Alizadeh et al.，2016；Allard，2002）（图 1.3）。在这个过程中，建筑物的围护结构及蓄热材料相当于一个蓄热体，吸收白天来自室内人员、设备、太阳辐射以及与室外接触的建筑表面传入室内的热量；在夜间，当室外温度逐渐降低后，打开通风口使室外冷空气通过室内，在对流换热的作用下将围护结构在白天储存的热量带走（DeKay et al.，2013）；次日白天，又通过热传导及对流、辐射换热降低室内温度（Blondeau et al.，1997）。这种被动式的降温方式利用室外空气这一天然冷源，可有效改善夏季室内的热舒适性，满足人们对室内通风换气的生理需求和亲近自然的心理需求，同时将白天的空调负荷转移到夜晚，有效降低了空调的峰值负荷及使用时间，减小空调机组的容量，而夜间电

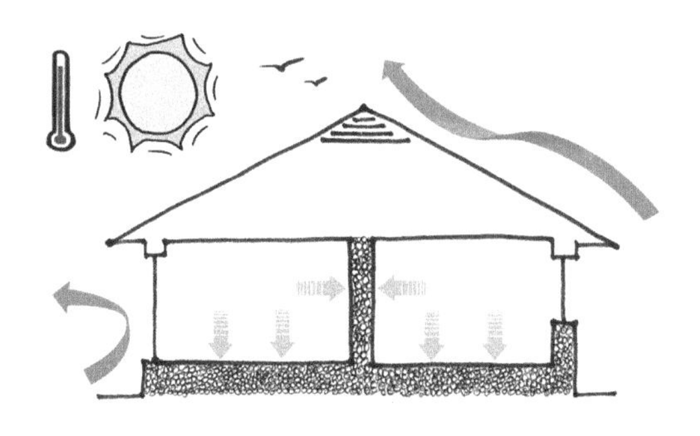

图 1.3 夏季夜间通风

来源：Autodesk Education Community，2017

费低于白天，也可使设备的运行费用大幅度降低（Kolokotroni et al.，1999；Pfafferott et al.，2004；Yang et al.，2008）。尤其对于间歇使用的建筑，如办公楼、商场、学校、展馆等，其使用特性使得夜间通风降温成为非常有效和适宜的被动降温手段。

夜间通风的降温效果取决于当地气候（如室外空气昼夜温差、夜间室内外温差、夜间风速）、建筑围护结构的热工性能、蓄热体与气流的热交换效果（Yang et al.，2008；Shaviv et al.，2001；Geros et al.，2005；Givoni，1992；Santamouris et al.，2013；唐鸣放，2013）。因此，首先应判断该地区是否适宜采用夏季夜间通风作为被动式降温手段。对于具体建筑，应选择蓄热性能较好的围护结构材料，并且应增大蓄热材料的表面积使其能在白天吸收更多的热量，此外需要较高的通风换气次数将室内热量传递到室外（DeKay et al.，2013；Grondzik et al.，2009）。Geros 等人（1999）通过测量得出重型办公建筑的换气次数在 10～30 次/h 为宜。此外，夜间通风更适合用于昼夜温差大、空气湿度小的地区（Givoni，1991）。Artmann 等人（2007）针对欧洲的气候特征，提出了与昼夜温差相关的降温节能指数（Climatic Cooling Pentential）用以分析欧洲地区在不同气候条件下的降温节能潜力。Givoni（1992）提出昼夜温差在 10℃以上降温效果明显。

2. 夜间通风的分类

根据通风方式的不同，夜间通风可分为夜间自然通风、夜间机械通风及混合通风三种方式：

（1）夜间自然通风：不借助风机或空调系统等动力装置，而是通过建筑本身构造中的门、窗及其他开口，利用风压及热压的作用使室外冷空气进入室内，而在白天关闭门窗的通风方式（Pfafferott et al.，2003）。相比机械通风及常规空调系统，自然通风成本低廉、节能，但由于室外风速、风向的不确定性，这种通风方式难以对通风量进行定量控制，需在建筑设计初期对室外风场进行全年分析，合理利用空间布局达到良好的通风效果。

（2）机械通风：需要动力驱动，在夜间通过风机和通风管道及风机将室外空气以较高的风速引入室内，而在白天仅以较低的风速向室内提供规范所要求的室内新风量室外空气（Artmann et al.，2007）。机械通风的通风量可控，但风机需消耗一定能量。当自然通风不能满足房间夜间通风降温效果时，可利用机械通风加大房间的换气量，从而达到带走房间余热的目的。

（3）混合通风：是将自然通风与机械通风相结合的通风方式，它结合了两种通风的优点。既能保证房间的换气次数又能尽量减少设备的能耗，弥补了自然通风可控性差的缺点，并最大限度地降低机械通风能耗。该手段需借助一定的自控手段来实现自然通风和机械通风的切换，以保证室内的通风换气次数和节能要求。

1.3.2 夜间通风理论研究综述

夜间通风技术的被动降温有效性取决于当地的气候条件、建筑微气候和建筑特征（Santamouris et al.，2013；Artmann et al.，2010）。其中，室外空气温湿度、风速是决定夜间通风效果的环境因素（Santamouris et al.，1996；Geros et al.，2005），建筑布局、通风系统设计（通风口位置、风量、通风控制策略等）、围护结构材料是决定夜间通风效果的建筑自身特征因素。

为了更好地剖析夜间通风的机理和量化夜间通风的效果，学者们进行了大量的实验和理论研究。不管是在实际建筑中，还是在实验箱中进行的实验研究都证明夜间通风具有显著的降温效果。而通过一系列的数值模拟研究也证实并进一步量化夜间通风的节能和改善室内环境的程度。本书将从气候适宜性研究、建筑热工性能研究、通风节能效果研究三个方面对夜间通风相关文献进行梳理和归纳。

1. 气候适宜性研究

所谓夜间通风降温技术的气候适宜性，指的是在某一特定地域、特定气候条件下，应用夜间通风这种被动式降温技术的可行性和适用性。如前文所述，对夜间通风降温技术气候适宜性的研究源于被动式气候设计策略研究，但是，随着夜间通风降温技术的发展，针对夜间通风的气候适宜性研究逐渐扩展和深入，成为一个专门的研究方向。

早期的气候适宜性研究大多随着现场实测研究进行。Givoni（1991）通过实验提出，当日间温度 30～36℃，夜间温度低于 20℃，且日间通风不能满足室内舒适要求时，适宜采用夜间通风。此外，Givoni 还给出了量化计算气候夜间通风潜力的方法和指标，即温差比率（Temperature difference ratio，TDR）。其计算方法如下：

$$TDR = \frac{y}{x} = \frac{t_{\max,\mathrm{out}} - t_{\max,\mathrm{in}}}{t_{\max,\mathrm{out}} - t_{\min,\mathrm{out}}} \tag{1.2}$$

此后，Blondeau 等人通过实验对夜间通风降温技术适宜的气候条件做出了补充和扩展。1994 年夏天，Blondeau 等人（1997）在法国拉罗谢尔大学的办公楼进行了实测研究，结果证实，在室外平均日温差仅为 8.4℃时，夜间通风可以使得室内空气温度降低 1.5～2℃，同时还可以大幅改善使用者的舒适度。

Shaviv 等人（2001）在以色列的研究表明，蓄热体和夜间通风可以在很大程度上影响夏季室内最高温度，当室外空气日温差大于 6℃时，可以使日最高温度降低 3℃。Pfafferott 等人（2003）在法国和德国进行了长期的测试实验，通过对办公楼的测试发现，采用夜间通风降温技术时，夏季室内操作温度高于 25℃的时间在 10%左右，可以在很大程度上提高室内热舒适度。

Corgnati 等人（2007）对意大利米兰的一栋办公建筑进行了模拟研究，研究结果表明，夜间通风技术与蓄热联合应用时，可以有效降低夏季冷负荷，提高热舒适度，验证了在地中海气候条件下夜间通风降温技术的适宜性。

这些实测研究多是针对干热或寒冷这类夏季日温差较大、气候干燥的地区，近些年，研究者开始对夜间通风降温技术在热带地区的适用性进行探索和研究。2008 年夏季，Kubota 等人（2009）在马来西亚的湿热气候区针对典型排屋住宅进行了全面的调研和实测工作，研究人员首先对马来西亚居民的开窗和空调使用情况进行了问卷调查，然后针对不同通风策略对室内热环境的影响进行了测试研究。结果表明，大多数马来西亚人采用的是白天通风、夜间开空调的使用模式，而如果单纯从降低室内温度的角度来说，夜间通风效果最好，但一旦考虑到居住者的蒸发散热，那么夜间通风就不是最好的选择了（Kubota et al.，2009）。

da Graca 等人（2002）也分别在北京和上海进行了通风降温效果研究，对比了寒冷地区和湿热地区夜间通风的应用效果，研究结果证明，在北京采用夜间通风降温的效果要明显好于自然通风，而在上海，不论夜间通风还是自然通风的降温效果都不是很明显。

Artmann 等人（2007）的研究则针对气候对夜间通风潜力的影响进行了更为详尽的分析，他对欧洲地区气象数据进行整体分析，并提出了 CCP 的概念，基于此提出了一种对夜间通风进行被动式降温气候潜力进行计算的方法。在 Artmann 等人（2007）的分析中，夜间通风在建筑与周边环境的温度差大于 3K 时较为适用。但是，该方法仅仅考虑了气候参数的变化，而没有考虑建筑参数的影响。

在国内，自 20 世纪 90 年代夜间通风降温技术研究伊始，重庆大学的付祥钊和同济大学的曹叔维、李峥嵘等就开始了夜间通风在上海和长江流域等小温差区域的适用性研究。付祥钊等对长江沿岸从宜宾到上海区间一些城市做了实测研究和跟踪调查，论证了夜间通风降温方法在长江流域地区的适用性。通过理论研究和实测论证，否定了把全天自然通风作为改善住宅夏季热环境的传统观念，提出了白天限制通风，夜间和清晨采用机械强化通风的“间歇通风方式”，并提出了回归方程，以预测间歇通风的效果（付祥钊 等，1996；付祥钊，1995；付祥钊 等，1995；付祥钊 等，1994）。

李峥嵘等人（2001）在 1995 年夏季对上海一栋办公楼进行了实测研究，结果表明，从空气温度的角度看，夜间通风系统可以在夏季维持较低的室内空气温度，但是如果综合考虑室内热舒适指标，那么实验条件下的室内热环境并不完全令人满意，需要通过增加室内局部区域空气流速等方法加以改善。

哈尔滨工业大学武丽霞（2004）对夜间通风与人工制冷结合的技术在严寒地区的应用进行了探讨，针对哈尔滨某大型超市的夜间通风降温与人工制冷的耦合运行模式给出了供冷期优化运行方案，研究结果表明，该优化方案可以大幅降低人工制冷的使用时间，降低能耗和运行费用。王昭俊等人（2006）在哈尔滨进行了一系列实测研究，分析办公建筑利用夜间通风改善室内热环境的效果，研究结果表明，在该地区采用夜间通风降温技术可以大幅减少空调开启时间，节约用电。

西安建筑科技大学杨柳（2003）提出了建筑气候设计指导原则和适宜的被动式设计技术措施，对夜间通风在全国不同气候区的适用性进行了分析和探讨。董宏（2006）在研究自然通风降温分区设计的过程中，也对夜间通风在我国不同气候区的适用条件进行了总结。

2. 建筑热工性能研究

从夜间通风降温技术的原理来看，夜间通风是通过建筑材料在不同时间段进行蓄热和放热，通过间歇通风的方法，将建筑获取的多余的热量带走，从而达到对建筑进行冷却降温的目的。因此，对夜间通风降温而言，建筑自身的热工性能是技术研究的核心问题，这一问题的关键词就是“蓄热”。然而，通过对以往研究成果的梳理和分析可以发现，对于夜间通风建筑热工性能的研究在夜间通风降温技术相关的研究中所占比重较小，现有的研究也多以实测研究和模拟分析为主，少有针对建筑自身热工性能的理论研究。

Givoni（1991）在南加州对三种不同蓄热等级的建筑进行了跟踪实测，探讨了蓄热体对夜间通风降温效果的影响，研究结果表明，对于低蓄热等级的建筑，夜间通风对室内最高温度的影响很小，而对于高蓄热等级的建筑则可以非常有效地降低室内最高温度。

Pfafferott 等人（2004）对以色列一栋图书馆建筑进行了实测，同时利用 ESP-r 软件进行了模拟分析，并将测试数据与模拟结果进行对比。研究结果表明，建筑结构材料由煤灰砖改变为混凝土时，也即建筑蓄热能力大幅提高时，室内最高温度的降幅达到 2℃，而通风时间由 2h 延长至 6h 时，室内最高温度可降低 0.5℃。

Artman 等人（2008）利用 Helios 软件对一栋建筑进行了模拟，分析影响夜间通风降温效果的影响参数，包括室外气候、蓄热量、得热、换气次数、热交换系数等。研究结果表明，气象参数和空气流动速度对于夜间通风降温效果影响最为显著。蓄热量和得热对于夏季室内热舒适同样有着非常重要的影响。因此，应该尽可能使蓄热体与空气相接触，同时尽量减少内部得热。

Ruud 等人（1990）对佛罗里达的一栋办公建筑进行了实测，该实验在夜间通过机械通风对建筑进行预冷，估算出建筑蓄热量对峰值冷负荷的影响。实验结果表明通过夜间降温，可以降低 18%的制冷能耗。

Geros 等人（1999）对雅典市区和郊区三种不同建筑构造、不同通风方式、不同气象参数和换气次数的实际建筑的降温效果进行了实测研究，实验结果表明：重质办公建筑应用夜间机械通风、换气次数为 30 次/h 时，室内最高温度可降低达到 3℃；轻质办公建筑夜间自然通风条件下，室内最高温度可降低 0.8～2.5℃；重质办公建筑夜间采用机械通风，白天使用空调制冷的情况时降温效果不明显，室内日平均温度降低为 0.4℃。

Shaviv 等人（2001）利用 EnergyPlus 软件针对以色列湿热气候下四个地区的夜间通风情况模拟分析了蓄热体和夜间通风对夏季室内最高温度的影响，并分别对四种不同蓄热等级（轻质、中轻质、中重质、重质）和四种通风条件（无夜间通风、夜间自然通风、不同换气次数的夜间机械通风）下的室内温度变化情况做了研究。

Kalogirou 等人（2002）利用 TRNSYS 软件对塞浦路斯一栋建筑进行了模拟分析，结果表明蓄热体和夜间通风联合利用时，可以降低 7.5%的冷负荷。

Corgnati 等人（2007）研究了夜间通风和空心板型蓄热体联合作用下对夏季制冷负荷的降低作用。研究利用 Simulink 动态模型对米兰一栋办公建筑进行了模拟分析，研究结果表明，相较于普通通风系统，采用空心板型蓄热体和夜间通风联合作用可以降低室内平均操作温度 1℃以上，而夜间通风技术与蓄热联合应用可以大幅降低夏季冷负荷，同时提高室内热舒适度。

香港大学的 Yam 等人（2003）通过数学解析的方法探讨了建筑内部蓄热体与自然通风的非线性耦合作用对室内温度的影响。通过建立热平衡方程，提出了表示蓄热体蓄热能力的一个新的概念——无量纲蓄热体数，为不同蓄热体之间的定量对比分析提供了新的方法。

香港大学的 Yang 等人（2008）对建筑蓄热和夜间通风耦合作用下建筑冷负荷的计算方法进行了探讨，提出了关联蓄热以减少冷负荷的夜间通风计算模型，通过模型计算分析了影响建筑蓄热性能的主要参数。

湖南大学的周军莉（2009）对建筑蓄热与自然通风耦合作用下室内温度计算方法及影响因素进行了深入探讨，通过数值分析的方法，建立了自然通风建筑室内温度计算模型，对影响自然通风的各个因素，包括建筑蓄热体的材料、厚度、热物性参数、绝热层位置、自然通风换气次数、热源等对该自然通风房间室内温度波动和延迟情况的影响进行了计算分析。周军莉等人（2011）还在自然通风建筑室内温度计算模型基础上对夜间通风进行计算，提出了夜间通风房间室内温度计算方法。

不论是理论研究、实验测试还是模拟分析，都验证了夜间通风建筑蓄热性能对于通风降温效果的显著影响，因此，建筑蓄热性能的评价对于夜间通风建筑热工性能的研究而言至关重要。最早用来评价蓄热体性能的指标是 Admittance 因子（W/（m^2 · K），Admittance 因子是指在周期性温度变化下，热量进入材料内部的程度（Mitchell et al.，1983）。一般来说是指一个周期（24h 内），建筑材料或者建筑构造与外界换热的能力（De Saulles，2005）。影响 Admittance 因子值的主要参数包括热容量、导热系数、密度、表面热阻，Admittance 因子值越高，蓄热性能越好。热容是评价蓄热体性能的基本参数，热容是指物体在某一过程中，每升高（或降低）单位温度时从外界吸收（或放出）的热量（Walker et al.，2008）。对于建筑而言，其蓄热性能是各建筑构件蓄热性能的总和，很多学者对建筑总体热容的计算方法进行了探讨。Borresen 在（1981）提出了表面热容（Apparent Thermal Capacitance）的概念，表面热容是指建筑物所有建筑材料的总储存热量能力之和。表面热容 C_a 计算方法如下：

$$C_a = \sum_{\eta} v_n \rho_n c_n \tag{1.3}$$

其中，v_n、ρ_n、c_n 分别指构件 n 的体积、密度和比热容。但是，由于表面热容是建筑各构件热容的简单相加，不同建筑构件在建筑中的位置、组合方式等的变化都会对建筑蓄热产生不同的影响，因此这种计算方法较为简单和粗糙。

针对表面热容计算存在的问题，Antonopoulos 等人（1998）提出了建筑的有效热容（Effective Thermal Capacitance）的概念。有效热容 C_{eqq} 是指蓄热体温度和环境温度差每变化 1℃，蓄热体所储存或释放的热量，它表示建筑物的所有蓄热材料能够储存热量的实际能力。Antonopoulos 通过调研对希腊典型建筑形式并对蓄热结构进行统计分析，在此基础上，建立简单的单区建筑模型，联立一维非稳态热传递方程组进行差分求解，在给定室外气象参数下得到室内温度，并按照有效热容的定义式，对计算结果利用最小二乘拟合法进行数学分析，最终得到不同建筑的总有效热容。有效热容的定义式如下：

$$\frac{c_{tot}\,\mathrm{d}T(t)}{\mathrm{d}t} = Q_i - L(T_i(t) - \overline{T_o}) \tag{1.4}$$

在现有研究基础上，Antonopoulos 等人（1999，2000，2001）还对有效热容进行了更为深入的研究和更细致的划分，通过计算得到了家具有效热容、室内隔断有效热容、外围护结构有效热容等值，从而建立了表面热容和有效热容之间的线性关系，并引入有效厚度的概念提出了室内表面热容（Indoor Surface Thermal Capacitance）的概念。室内表面热容 C_s 表示室内空气、内墙及室内陈设表面所储存的热量。

Balcomb（1983）提出了建筑日间热容（Diurnal Heat Capacity）的概念。日间热容 DHC 是指建筑在 24h 周期的半个周期内储存的热量，也就是下一个半周期内释放出去的热量，其单位为 Wh/（m^2 · K）。建筑的日间热容由构成房间所有面积的日间热容相加得来，它是建筑材料厚度和热特性的综合参数。日间热容 DHC 的计算方法如下：

$$DHC = \sum F \cdot \mathrm{d}hc \tag{1.5}$$

对于材料的“蓄冷能力”评价来说，蓄热系数比热惰性指标更为适用。van der Maas等人（1991）通过实验研究对蓄热系数的概念进行了扩展，首先针对多层墙体提出等价蓄热系数（Equivalent Effusivity）b_{eq} $Jm^2K^{-1}s^{0.5}$的概念及房间总蓄热系数（Global Effusivity）b_{room}的定义，b_{room}等于房间内所有外墙和隔墙等价蓄热系数的加权平均值。

时间常数是评价建筑蓄热性能的另一个重要指标，最早由Givoni（1976）提出。时间常数是指材料的表面温度传递到一定厚度所需要的时间。τ是厚度平方与热扩散系数的比值，其计算公式如下：

$$\tau = \frac{d}{k} \cdot (d\rho c) = \frac{d^2}{a} \tag{1.6}$$

影响建筑蓄热性能的参数有很多，Pfafferott等人（2004）认为蓄热作用的发挥主要受以下因素影响：①蓄热体的热工性能；②蓄热体的厚度；③空气温度的波动情况；④蓄热体表面的换热系数或者是表面的Biot数。

3. 通风效果研究

对于建筑采用夜间通风降温的效果研究主要可以从两个方面考虑。①夜间通风对于建筑热舒适性的提升；②夜间通风对于建筑能耗的降低。夜间通风建筑热舒适的评价目前尚未有单独的评价标准，对于夜间通风建筑的热舒适评价方法也参照普通的室内热舒适评价方法，如室内综合温度、PMV指标、过热时间百分比等。很多研究表明，对于采用了通风降温手段的建筑，其热舒适的温度范围往往要大于普通空调房间的温度范围。

夜间通风建筑的节能效果是衡量夜间通风效果的另一个重要标准，其主要的评价指标包括制冷系数COP（Coefficient of Performance）（Pfafferott et al.，2003）、夜间通风能耗指标PEEI（Potential Energy Efficiency Index）（Geros et al.，1999），温差比率TDR（Temperature Difference Ratio）（Givoni，1992；Givoni et al.，2002）等。

2001年夏季，Shaviv等人（2001）通过对不同地区、不同建筑以及不同换气次数的夜间通风进行了软件模拟，计算得到了室内外最高温度的差值与通风换气次数、室外温度日温差以及建筑物蓄热特性的线性关系。2002年，付祥钊（2002）通过对夏热冬冷地区间歇机械通风住宅进行实验调查，得到室内外日平均气温差与室外气温日较差之间的线性关系，以及室内气温日较差与室外气温日较差之间的线性关系。2004年，La Roche等人（2004）通过实验得到了有关TDR与窗地比SWFR（窗子接收辐射不同）之间的线性关系。这些关系式可作为在设计阶段考虑夜间通风技术效果的方法，以及用作预测室内温度值的模型。

4. 夜间通风的研究方法

为了更好地剖析夜间通风的机理和量化夜间通风的效果，学者们进行了大量的实验和理论研究。不管是在实际建筑中，还是在实验箱中进行的实验研究都证明夜间通风具有显著的降温效果。而通过一系列的数值模拟研究也证实并进一步量化夜间通风的节能和改善室内环境的程度。因此，本书对夜间通风的研究方法也进行了简要总结。

1）实验研究

夜间通风的实验研究一般以真实建筑或专为实验设计制造的实验箱为对象（Santamouris et al.，1996；Geros et al.，2005；Krüger et al.，2010；Givoni，1994；Blondeau et al.，

1997；van der Maas et al.，1991；Geros et al.，1999；Allard et al.，1998；Kubota et al.，2009；Pfafferott et al.，2003），大多数研究的实验结果得出在不开启空调的情况下，夜间通风可使次日室内最高值降低3℃左右；而在空调建筑物中应用时，可大大降低峰值负荷，从而降低能源消耗。表1.7列出了采用实验箱为对象的相关研究。

实验箱为实验对象的研究 **表1.7**

文献	实验概况	实验结果
de Gracia et al.，2018	双层相变材料墙与夜间机械通风结合，测量降温及节能效果	相变材料可以存储50%～60%的冷量，可节约29.3%的空调能耗，有效降低空调能耗峰值
Morris et al.，2011	有无屋顶保温层与夜间通风结合做对比实验，测量夜间通风的效果	采用屋顶保温和顶棚保温降温分别可降低白天室温0.8℃和0.6℃，保温层在夜间阻止室内热量散发
Artmann et al.，2010；Artmann et al.，2008；Le Dréau et al.，2013）	比较了夜间置换通风和混合通风的降温效果，并对不同气流对室内温度影响进行了研究	降低屋顶内表面温度有助于降低整个房间温度；较高的空气流量沿着顶棚流动的空气射流具有显著的效果。提出了一个建筑设计早期阶段评估夜间冷却性能的设计图表

Blondeau等人（1997）对拉罗谢尔大学某教学楼三间教室进行夜间通风实验，与对比房间相比，采用夜间通风的房间白天可降温1.5～2℃。但由于西墙房间受到太阳辐射更强，而与对比房间相邻的实验房受到来自对比房间隔墙传热的影响，因此实验的三个房间仅中间房间的数据能与对比房间进行比较。此外，该实验还得出，房间容积越小，空气与房间围护结构内表面对流换热越剧烈，通过夜间通风达到的降温效果越好。

Pfafferoot等在法国和德国进行了长期的测试实验，通过对办公楼的测试发现，采用夜间通风降温技术时，夏季室内操作温度高于25℃的时间在10%左右，可以很大程度提高室内热舒适度。

2）模拟研究

虽然夏季采用夜间通风可以有效降低空调运行成本，节能潜力巨大。但在建筑中的运用并不十分广泛，这主要是由于夜间通风虽然原理简单，但如何设计和控制整个系统却是一个多学科、多技术交叉融合的难题。此外，其降温节能潜力和效果也存在很多不确定性。目前只有极少数现场测量的案例，而由于建筑功能、构造、通风系统千差万别，很难通过这些实际案例来归纳总结出评价和优化夜间通风设计的规律。因此，在建筑设计阶段和节能评估中采用模拟软件来预测夜间通风效果可以为设计师、地产商和使用者提供一个可靠的参考依据。

Kolokotroni等人（1999）提出建筑蓄热量、开窗比、太阳辐射得热和室内得热、建筑朝向与夜间通风的关系，按照以上因素对建筑进行恰当的设计后，可节约20%～25%的空调能耗。

Ezzeldin等人（2009）采用EnergyPlus能耗模拟软件对办公楼进行空调与自然通风结合运行的模拟后得出，使用夜间通风的办公楼可节约空调能耗67%。

Shaviv等人（2001）在以色列的研究表明，蓄热体和夜间通风可以很大程度影响夏季室内最高温度，当室外空气日温差大于6℃时，可以使日最高温度降低3℃。

1.4 绿化屋顶与夜间通风结合的理论研究

前面两小节对绿化屋顶和夜间通风的研究分别做了归纳总结，在国内外众多文献中，有3篇将两者结合起来进行了研究，对本书有一定的指导和启发作用，下面重点介绍。

Niachou等人（2001）采用TRNSYS模拟软件对绿化屋顶房间的热工性能及能耗进行模拟分析。为研究夏季夜间通风对绿化屋顶的影响，该模拟设置了3种工况：无夜间通风、换气次数4次/h、换气次数10次/h。模拟结果显示无保温层的绿化屋顶开启夜间通风的节能率分别为37%（4次/h）、44%（4次/h）和48%（10次/h）；中度保温层的绿化屋顶节能率为4%（0次/h）、5%（4次/h）和7%（10次/h）；高度保温的绿化屋顶在改变夜间通风换气次数的情况下节能率均为2%。可见，绿化屋顶在无保温层的情况下与夜间通风结合夏季节能效果最佳。但该研究仅进行了数值模拟，并未进行实验验证。

2014年，La Roche等人（2014）在加州州立理工大学波莫纳分校校园内进行了绿化屋顶和夜间通风联合作用的实验，实验装置为几个1.2m×1.2m×1.2m的独立实验箱，其中一个为绿化屋顶和可变保温层屋顶组成的房间。可变保温层是该研究的创新之处：在绿化屋顶和顶棚之间增加了一个空气间层，于室外和室内设置开口和风扇，夏季当室外温度低于室内温度时开启连通室外和室内两个风扇，使室外冷空气进入空气间层再进入室内；而在冬季关闭与室外和室内连通的风扇，空气间层充当保温层的作用。结果表明该可变保温层在冬夏两季对室内温度都起到了很好的调节作用。但该论文仅对实验箱各层温度进行了测量分析，未对屋顶热流、土壤含水量、通风量等进行测量和研究，只反映了夏季降温及冬季保温效果，而未对影响热环境的各因素进行深入研究，因此将这两种节能技术相结合还有很大的潜力可挖。

2015年夏季，Berardi等人（2017）在加州州立理工大学波莫纳分校校园进行的实验中采用了绿化屋顶与空气-水循环冷却系统结合的方式，将室内空气通入管道中，再将管道与安放在实验箱旁边的蓄水池进行热交换，冷却管道中的空气，同时在蓄水池上方增设了一个喷头，利用水分蒸发吸热的原理在夜间向水池上方喷水，降低蓄水池水温，最后将被蓄水池冷却后的空气送入室内，完成一次空气循环冷却过程。作者用该方法来解决炎热夏季即使采用绿化屋顶，室内温度仍然很高的情况，并取得良好的效果。该实验得出结论，当室外温度高于35℃时，用此种方式可使室内温度降低10℃，而且耗水量极小。该研究主要进行了实验研究，通过改变空气-水系统换热管道的材质、长短、管径、空气流速来分析这些因素对换热的影响：换热管道应选用换热系数高的材质；增大管径更有利于热量交换；管道长度的影响较管径小；增大空气流速有利于增大冷却空气的流量使实验箱迅速降温，但过大的流速可能会降低水-空气的热交换效率。

通过对绿化屋顶、夜间通风以及这两种被动式降温技术结合研究进行研读、整理后发现，学者在进行研究时所采用的方法包括实验研究法和理论研究法。实验研究的对象分为实际建筑和实验箱。这两种方法各有利弊：针对实际建筑的测量可以客观反映实际情况，但可能在经济、人力、时长以及与各相关部门的协调上需要更大的投入，而且实验对象过于具体会限制其广泛应用性，导致不能抽象出普遍规律运用到其他建筑之中。而实验箱则更为经济，且可以根据需要进行调整，并可以长期作为研究对象，进行多年的长期性研究，所受的干扰因素更少。但实验箱通常是对真实建筑进行简化得到的，一般为一个独立的箱体，这与实际建筑的平面和空间布局有很大不同，这也是需要学者考虑的问题，特别是在进行夜间通风时，空间布局对通风的影响很大。

除了实验研究以外，在绿化屋顶和夜间通风的理论研究方面也取得了很多卓越的成果。理论研究可分为分析建模和数字模拟两类。分析建模主要是指建立有关传热、流体力学的物理方程模型。虽然这些公式不能形象地反映热量和流体的动态过程，但他们用相关的方程描述了传热和流动规律，并能快速估算、分析绿化屋顶和夜间通风的降温效果。此外，随着模拟软件在近些年来的逐步完善，更多的研究倾向于采用各种模拟软件对绿化屋顶、夜间通风传热和降温节能效果进行模拟，常用的软件有 EnergyPlus、TRNSYS、DesingBuilder 等。通过软件模拟，研究者可以预先对影响绿化屋顶和夜间通风的影响因素进行敏感性分析，并与实验数据进行对比，验证模拟的有效性，再进一步通过模拟对不同气候环境、不同建筑类型进行多样性分析，大大降低了研究成本。

通过对文献的梳理以及对前人研究方法、研究内容的总结，可以发现在进行绿化屋顶降温隔热研究中，将夜间通风纳入其中的非常少，并且只对降温和节能效果进行了介绍，并未深入研究这两者结合的相互影响和制约关系。而且，由于近几年来相变材料（PC-Ms）的兴起，更多的是关于夜间通风与相变材料相结合的研究，而采用绿化屋顶与夜间通风结合的寥寥无几。本书希望通过围绕绿化屋顶与夜间通风以及围护结构蓄热的问题深入探讨，为绿化屋顶和夜间通风技术提供一些有用的理论研究，同时期望对新建筑设计和既有建筑改造有所启发。

1.5 研究目的

虽然绿化屋顶和夜间通风在人类生活中的运用由来已久，两个领域的学者也进行了大量的研究，但从文献资料来看，将这两种被动式节能技术结合的研究还很少。对于绿化屋顶，过去的研究大多是针对降温效果进行研究，证明绿化屋顶确实可以削减太阳辐射，使室内温度降低，并且有改善小气候的作用。实验研究方面基本上都是对一种或几种特定植物进行测量，如果要运用到实际工程中，还需要大量的植物样本作为数据支持；而在软件模拟方面，目前较为常用的是 EnergyPlus 及 TRNSYS，多针对影响植物的各要素进行模拟，对绿化屋顶植物各项参数基本上按定值设置。由于植物在整个生长过程中是动态变化的，其降温效果在不同生长时期也有较大差异，因此在模拟参数的设置时应考虑植物及土壤在不同时期的变化。目前，将绿化屋顶与夜间通风结合后对屋顶传热产生的具体影响还有待更深入的研究，而这些在实际工程中非常重要：绿化屋顶与夜间通风结合到底对建筑物的热环境产生了怎样的影响？屋面板的吸放热是否因此发生改变？不同生长时期的绿化植物对建筑的节能效果如何？如果这些问题得以解决，设计者在采用绿化屋顶与夜间通风相结合的技术时就能预测其对建筑热环境和空调能耗的改善程度，因此该课题对建筑节能具有实际意义，并且有很大的拓展空间。

本书试图针对办公楼、学校、展馆、住宅等间歇使用的建筑，提出夜间通风与绿化屋顶相结合的方式，通过实验数据分析及数值模拟，为分析其传热特性、预测节能效果提供有效的方法，使设计者在采用绿化屋顶和夜间通风结合的模式时有据可依。

1.6 研究内容及技术路线

1.6.1 研究内容

1. 夜间通风工况下屋顶绿化的实验研究

通过对两个实验箱（一个为绿化屋顶，另一个为对比裸屋顶）屋顶各层温度及内表面热流的测量，分析了绿化屋顶与夜间通风联合作用时对房间热环境的影响，并对影响绿化屋顶及裸屋顶传热的环境因素（太阳辐射、室外风速、室外空气温湿度、土壤含水量）与屋顶热工参数进行了相关性分析。此外，通过对实验中两种景天科植物落地生根和德国景天的透射率整理，得出了绿化屋顶叶片动态遮阳系数 LSC。为量化屋顶绿化的降温效果，本书提出夜间通风作用下屋顶绿化隔热蓄冷的评价指标：内表面温差比率 RTDR 和放吸热比 RHR。

2. 影响绿化屋顶及夜间通风各因素的敏感性分析

采用模拟软件 EnergyPlus 进行绿化屋顶和夜间通风联合作用的数值模拟，根据实验数据验证其准确性，并用验证后的模型对影响绿化屋顶及夜间通风的各因素进行敏感性研究。通过模拟分析，提出了影响绿化屋顶内表面温差比率 RTDR 和放吸热比 RHR 的关键因素，为屋顶绿化和夜间通风的优化设计提供依据。

3. 绿化屋顶和夜间通风结合的评价工具

针对采用夜间通风时的屋顶绿化建筑，通过模拟得出不同屋顶蓄热材料、不同土壤厚度、不同换气次数下室内外最大温差随室外昼夜温差变化的函数曲线，为评估夜间通风作用下绿化屋顶降温效果提供参考。

1.6.2 技术路线

本书技术路线如图 1.4 所示。

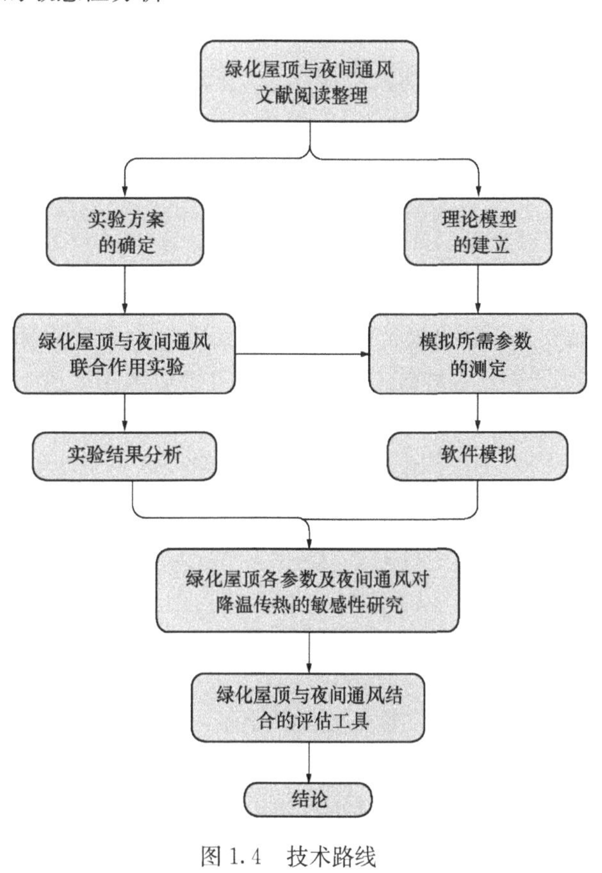

图 1.4　技术路线

2 夜间通风作用下屋顶绿化的实验研究

如前所述，绿化屋顶由于植物及土壤的遮阳及蒸腾蒸发作用，在夏季白天有非常显著的隔热降温效果，但由于土壤的热容量较高，在夜间会阻止室内热量经屋顶向室外散发。而夜间通风利用室外空气为天然冷源冷却建筑围护结构或室内蓄热材料，再在次日将存储的冷量释放以降低室内温度这一被动降温方式恰好可以弥补绿化屋顶房间在夜间散热困难的不足。因此，将绿化屋顶与夜间通风结合，充分利用了这两项节能技术各自的优点，又互为补充，既兼顾白天的隔热降温，又改善了绿化屋顶房间夜间的热舒适性，同时可以将夜间通风的冷量存储于建筑围护结构中，抵消次日由太阳辐射带来的部分热量。

为具体研究将这两种技术结合后对建筑室内热环境的影响以及绿化屋顶的传热特性，于 2015 年及 2016 年夏季在重庆大学建筑城规学院建筑馆大楼屋顶搭建的两个构造、规格完全相同的独立实验箱中进行了实验研究。一方面，可排除真实建筑如办公室、住宅等因为人员活动、空调启闭对实验造成的干扰；另一方面，由于实验箱相对独立，不会受到相邻房间的影响，易于控制各种工况，使本书的理论研究更为准确、可靠。

在实验前期，首先对三种备选的绿化屋顶植物做了热特性测试，从中选出更适合夏季隔热降温的植物，并对两个实验箱进行了温度及热流校正，以确保实验的准确性及可靠性。在正式实验中，为比较绿化屋顶与夜间通风联合作用的降温及传热效果，采用绿化屋顶与裸屋顶对比实验的方法。其中一个实验箱屋顶放置绿化植物，另一个为裸屋顶。在 2015 年夏季对绿化屋顶与夜间自然通风相结合、绿化屋顶与夜间机械通风相结合、全天封闭三种工况进行实验对影响两房间室内热工性能的各主要参数进行了实测。2016 年增加了对绿化屋顶土壤含水量的测量，以更全面地分析气候条件对绿化屋顶传热的影响。本章将详细介绍整个实验情况，并对实验结果进行分析。实验结果用于比较不同屋顶结构的热工性能，并验证第 3 章数值模型。

2.1 植物的选取

目前，大多数粗放型绿化屋顶的实验研究都采用了佛甲草或其他低矮景天科植物作为实验植物，但 Jim（2015）的研究指出这类植物在高温、缺水的状态会停止蒸发，因此在夏季高温时佛甲草所能提供的蒸发降温效果有限。此外，由于基质层较薄，保水能力有限也限制了其蒸发降温的作用。

鉴于此，对德国景天、佛甲草、落地生根三种景天科植物在室外的蒸发降温效果进行了实测，以选择更有利于降低室内温度的植物，三种备选植物特征见表 2.1。实验分别测量了三种植物叶片表面和在距冠层顶部 30cm、70cm 高度的温度及离裸屋顶面 30cm、植物冠层顶部 30cm 处的热辐射量，结果如图 2.1 所示。

由图 2.1 可以看出，植物叶片表面温度及距冠层顶部 30cm、70cm 高度的空气温度从低到高依次为：落地生根、佛甲草、德国景天，而在距冠层顶部 30cm 处的热辐射量从低到高依次为落地生根、德国景天、佛甲草。此外，德国景天和落地生根叶片覆盖率高，茂密的叶片可减少基质层内水分的蒸发，因此本实验选择落地生根和德国景天为绿化屋顶的种植植物。

三种备选植物特征 **表 2.1**

	佛甲草	德国景天	落地生根
拉丁学名	*Sedum lineare* Thunb.	*Gynrasegetum*	*Bryophyllum pinnatum* (Lam.) Oken
高度	10～20cm	30～50cm	30～150cm
习性特征	多年生草本，无毛。佛甲草适应性极强，不择土壤，可以生长在较薄的基质上，其耐干旱能力极强，耐寒力亦较强	多年生肉质宿根草本，地下茎肥厚，地上茎簇生，粗壮而直立。喜日光充足、温暖、干燥通风环境，忌水湿，对土壤要求不严格。性较耐寒、耐旱	多年生肉质草本植物，可长成亚灌木状，叶肥厚，一角即落，且会落地生根。喜阳光充足温暖湿润的环境，耐寒，适宜生长于排水良好的酸性土壤中
栽培	扦插、播种	扦插、播种	叶插、播种

落地生根栽培以叶插为主，于 2015 年 4 月中旬首次在重庆大学建筑城规学院屋顶进行栽培。将落地生根的叶片平放于模块式种植盒的基质层上，7 天左右叶片周围即生根，经过 3 个月的培育，至 2015 年 7 月枝叶已非常繁茂，可用于实验。2015 年 11 月，落地生根逐渐枯萎，待到 2016 年 3 月后，植株开始发芽，将干枯主茎剪掉，摘下幼叶，平铺于基质上，又长出新的枝叶。至 2016 年 7 月，落地生根再次茂密生长。

德国景天为多年生植物，一般采用扦插栽培。德国景天于 2008 年在重庆大学建筑城规学院屋顶进行培植。冬季枯萎后并不需要特殊养护，来年春季会陆续发芽，且在未进行人工灌溉，仅靠降雨的情况下，生长旺盛，枝叶繁茂。

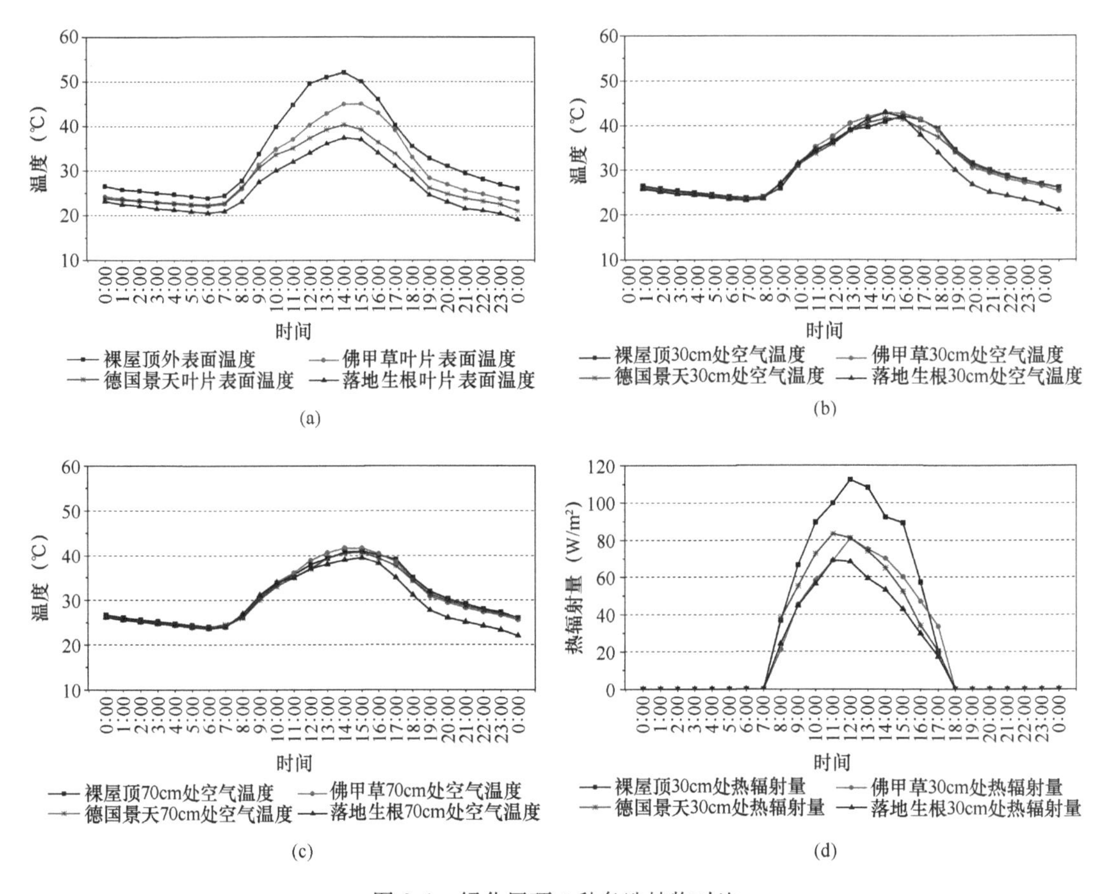

图 2.1 绿化屋顶 3 种备选植物对比

（a）裸屋顶及植物表面温度；（b）距裸屋顶及植物冠层 30cm 高度空气温度；
（c）距裸屋顶及植物冠层 70cm 高度空气温度；（d）距裸屋顶及植物冠层 30cm 高度热辐射量

2.2 实验介绍

2.2.1 实验地点及气候条件

本实验在重庆大学建筑城规学院大楼屋顶自建的实验箱进行（29.6N，106.5E）。重庆市位于中国西南部，属亚热带季风性湿润气候，年平均气温 16～18℃，最热月份平均气温 26～29℃，最冷月平均气温 4～8℃，采用候温法可以明显地划分四季。重庆市年平均降水量较丰富，大部分地区在 1000～1350mm，降水多集中在 5～9 月，占全年总降水量的 70%左右，春夏之交夜雨尤甚，气候特征为夏热冬冷。根据 UCLA Energy Design Tool Group 开发的建筑设计策略软件 Climate Consultant 分析，植物遮阳、夜间通风均适宜在重庆地区采用。

为研究绿化屋顶与夜间通风联合作用在夏季的隔热降温效果及传热特性，本课题组在 2015 年及 2016 年的 7～10 月分别进行了实验测量。从测量数据来看，两年实验期的气候状况非常接近，2015 年白天最高温度达 38.8℃，2016 年白天最高温度达 42.2℃；太阳辐射最大达 895.2～917.0W/m²；最大平均风速 2.5～2.7m/s；最大阵风风速 6.8～8.1m/s；相对湿度最低 33.7%，最高 99.0%。可见，重庆白天气温高，利用绿化屋顶应该能起到较好的遮阳蒸发降温效果；夏季昼夜温差达 12.0℃，在夜间引入室外空气能达到降低室内温度的目的，但风速较小，需合理组织进排风。实验期间气候情况见表 2.2 及表 2.3。

实验期间气候情况（2015 年 7～10 月） **表 2.2**

	平均风速（m/s）	阵风风速（m/s）	温度（℃）	湿度（%）	太阳辐射（W/m²）
平均值	0.20	1.41	25.70	78.87	112.78
最大值	2.48	8.06	38.81	99.83	917.08
最小值	0.00	0.00	16.53	38.95	0.60

实验期间气候情况（2016 年 7～10 月） **表 2.3**

	平均风速（m/s）	阵风风速（m/s）	温度（℃）	湿度（%）	太阳辐射（W/m²）
平均值	0.25	1.52	28.30	74.13	92.89
最大值	2.73	6.79	42.17	98.43	895.22
最小值	0.00	0.00	19.83	33.68	0.60

2.2.2 实验箱介绍

本实验所建的 2 个实验箱为南北朝向（图 2.2），有机械排风扇一侧为南向。内尺寸均为 1.3m×1.0m×0.9m，屋顶均为 15cm 厚钢筋混凝土板，其中一个实验箱屋顶放置模块式绿化植物，另一个为裸屋顶。2015 年夏季裸屋顶构造与绿化屋顶完全相同，仅有一层 15cm 的钢筋混凝土屋面板，而 2016 年夏季裸屋顶增加了 10cm 的保温板作为外保温层。两房间东、西、北向墙体及地面为 24cm×11.5cm×5cm 的红砖砌成，且均采用 5cm 厚的聚苯乙烯泡沫板为内保温，南向墙采用 5cm 厚聚苯乙烯彩钢板制作了可开启门（60cm×80cm），用于放置实验仪器。两房间的南北向墙对应位置上设有 60cm×5cm 的通风口，在南墙底部装设有功率为 12W 的排风扇（安装尺寸为 16cm×16cm，开孔直径为 112mm）用于机械通风，排风扇可进行三挡调速，可控换气次数分别为 12 次/h、20 次/h、25 次/h。夜间通风时段为 21：00～8：00（前期预实验测得该时段室外温度低于室内温度）。实验箱外观如图 2.2 所示，内部构造如图 2.3 所示。

实验所采用的绿化屋顶由 9 个模块式种植盒拼接而成。该种植盒为集成型模块式容器，尺寸为 50cm×50cm×6.5cm。该模块式种植盘包括排水孔、阻根层、过滤板、蓄水台，模块间用搭扣连接，可根据需要拼装成不同大小的绿化屋顶。在多个种植容器组合安装时，套置在排水卡槽内的排水槽可相互连通，形成一个排水系统，装配简单、便捷，如图 2.3 所示。通过本书 2.1 节的实验选用落地生根和德国景天作为绿化屋顶的栽培植物（表 2.1 及图 2.4）。其中，落地生根植物冠层高 30～150cm，德国景天植物冠层高 30～50cm。种植基质为 60%泥炭土、10%粒状珍珠岩、20%蛭石、10%有机肥混合而成，基质厚 5cm。

图 2.2　绿化屋顶实验箱（植物落地生根）

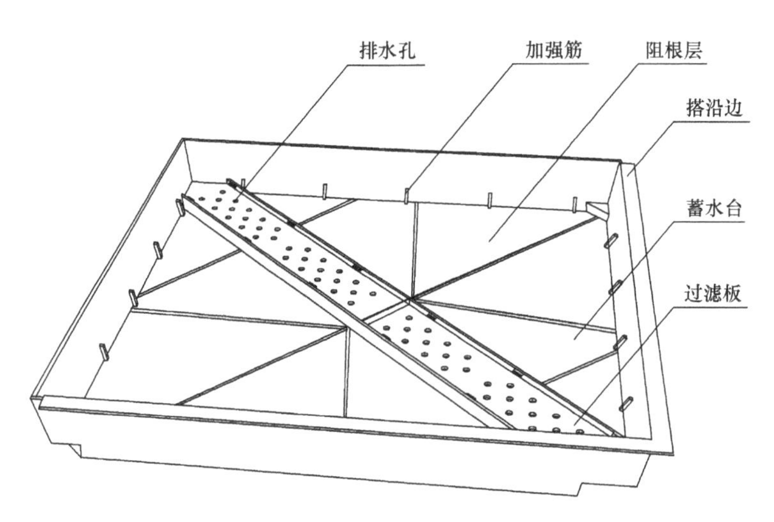

图 2.3　绿化屋顶模块容器构造图

图片来源：上海中卉生态科技股份有限公司

图 2.2 中有 1 座红砖房位于 2 个实验箱北向，与 2 个实验箱的水平距离为 10m。由于太阳照射形成的阴影主要在东西向，因此该红砖房对本实验箱的阳光遮挡可以忽略。但由于场地的限制，2 个实验箱距离较近，在东西方向会互相遮挡，因此在实验时对 2 个实验箱的东西两侧同样水平距离处设置了垂直遮阳板以保证 2 个实验箱东西方向遮挡情况一致。根据 2 个实验箱最不利外墙（西墙）外表面温度的测量数据可以得出，2 个实验箱西墙外表面平均温差仅 0.3℃，可认为 2 个实验箱受太阳辐射、室外空气温湿度

图 2.4　绿化屋顶植物：德国景天

作者自摄

的影响一致。此外，因两箱位置近，可认为受室外风速的影响也基本相同。值得注意的是本书所采用的实验箱是在参考真实建筑的基础上进行简化后得到的，目的是创造一个夜间通风的环境用于研究屋顶绿化内表面的吸放热特性。

2.2.3 实验工况介绍

实验分别在 2015 年及 2016 年夏季进行，2 年实验分别对落地生根和德国景天绿化屋顶植物夜间自然通风、机械通风、全封闭三种工况进行了实验（图 2.5）。

2015 年实验工况如下：

（1）绿化屋顶与夜间自然通风结合：2015 年 8 月 30 日～31 日。

（2）绿化屋顶与夜间机械通风结合：2015 年 8 月 22 日～24 日。

（3）全天封闭：2015 年 9 月 3 日～4 日。

2016 年实验工况如下：

（1）绿化屋顶与夜间自然通风结合：2016 年 8 月 11 日～12 日。

（2）绿化屋顶与夜间机械通风结合：2016 年 8 月 13 日～18 日。

（3）全天封闭：2016 年 10 月 1 日～4 日。

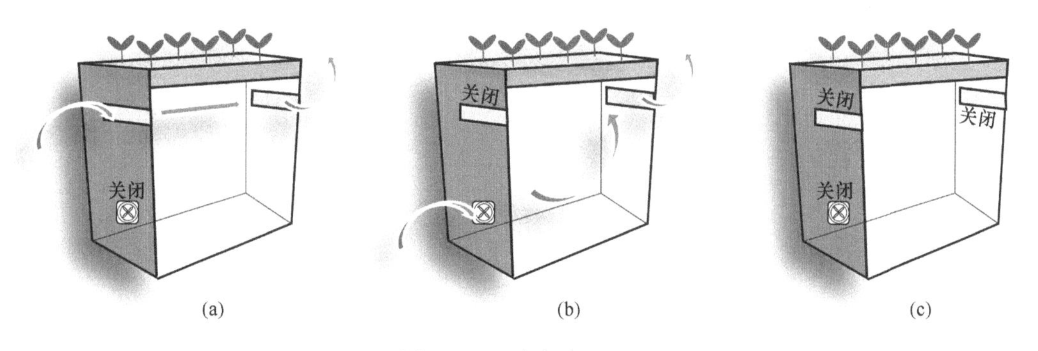

图 2.5 三种实验工况

（a）绿化屋顶与夜间自然通风；（b）绿化屋顶与夜间机械通风；（c）全天封闭

2.2.4 实验仪器及测量参数

图 2.6 为实验箱各测点分布图，所测量的参数包括：当地气象数据（室外空气温度、室外空气相对湿度、太阳辐射、室外阵风风速、室外平均风速），屋面板内外表面温度以及室内空气温度，屋顶内表面热流量，植物叶片太阳辐射反射及透射量，植物叶片表面温度及冠层内空气温度，通风口风速及温度，西墙内外表面温度，2016 年增加了土壤单位体积湿度的测量。实验仪器及被测参数见表 2.4。在实验期间，所有仪器均每隔 10min 自动记录一次数据。其中，温度传感器及热流传感器均匀被测表面完全接触，屋顶内表面温度传感器靠近热流传感器安装，温度与热流传感器连同 0.1m 的引线与被测表面紧密接触，热流传感器的表面辐射系数与屋顶内表面接近，均为 0.85～0.95。本书中实验工况所指的换气次数均为夜间通风时段（21：00～8：00）的平均换气次数（通过测量通风口风速计算得出）。

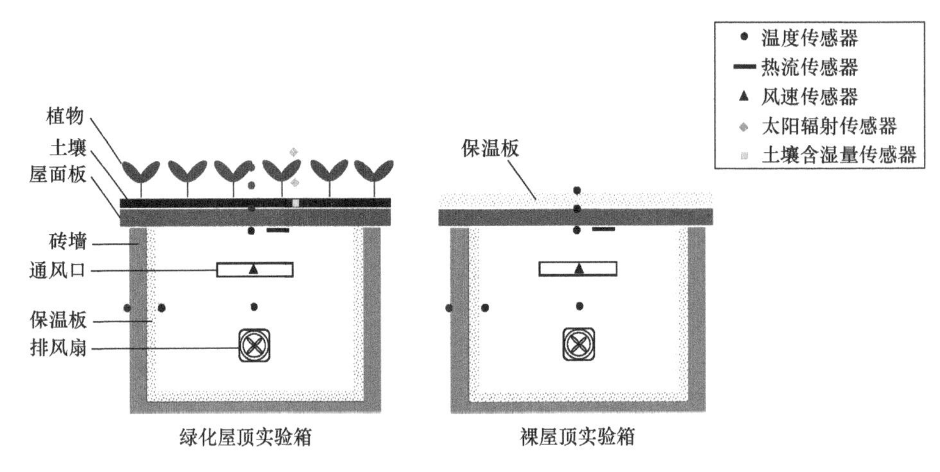

图 2.6　实验箱各测点分布图

实验仪器及被测参数　　　　**表 2.4**

仪器名称	型号	图片	测量对象	量程	精度
Onset 气象站	S-THB-M002		室外空气温湿度	−40～75℃ 10%～90%RH	±0.21℃ (±2.5%)
	S-WSB-M003		室外风速	0～76m/s	±1.1m/s
	S-LIB-M003		太阳辐射、叶片太阳辐射透射及反射量	0～1280 W/m²	10 W/m² (±5%)
	S-SMC-M005		土壤湿度	0～0.570m³/m³	±0.033m³/m³ (±3.3%)
	RX3000		气象数据采集	—	—
热电偶探头	T 型		屋面板内外表面及室内温度	−260～60℃	±0.21℃
热流传感器	120×14×4 (mm)		屋面板内表面热流	−2000～2000W/m²	0.01W/m² (±5%)

续表

仪器名称	型号	图片	测量对象	量程	精度
数据采集仪	HIOKI8430-21		热流及温度	±100mV～±60V −200～2000℃	—
T&D 温湿度仪	TR72U		室内温湿度	0～50℃ 10%～95%RH	±0.3℃ ±5%
Oneset 四通道温度仪	UX120-014M		西墙内外表面温度、叶片表面温度、冠层空气温度	−20～70℃	±0.21℃
温度探头	TC6-T		西墙内外表面温度、叶片表面温度、冠层空气温度	−200～65℃	±1.5℃
Delta 风速仪数据采集器	HD2103.1		通风口风速、温度	0～40m/s −3～110℃	±0.05m/s ±0.4℃
Delta 风速仪探头	AP471 S2		通风口风速、温度	0.1～5m/s −25～80℃	±0.2m/s ±0.8℃

2.3 实验结果分析

本实验采用绿化屋顶与裸屋顶实验箱对比的实验方法，2 个实验箱工况相同，分别为夜间自然通风、夜间机械通风（排风扇可调速）和全天封闭。实验分为两个阶段，第一个阶段为 2015 年夏季 7～10 月，第二个阶段为 2016 年夏季 7～10 月。根据前期的文献整理，近年来的研究都表明绿化屋顶在无保温层或保温性能较差的情况下其夏季降温效果能得到更好的体现（Squier et al.，2016；Silva et al.，2016；Costanzo et al.，2016；Virk et al.，2015；La Roche et al.，2014；Jaffal et al.，2012；Santamouris et al.，2007；Niachou et al.，2001），因此本实验的绿化屋顶在 2015 年和 2016 年的实验中均未加保温层，而对比实验箱在 2015 年夏季与绿化屋顶构造完全相同（仅有钢筋混凝土屋面板），这种屋顶无保温层的房屋大多出现在我国乡镇。在 2016 年裸屋顶增加了聚苯乙烯泡沫板作为外保温层，目前中国大多数建筑均进行了屋顶保温，因此这种屋顶构造更具代表性。本章节将根据不同的工况以及屋顶构造对实验数据进行分析。所选数据均为白天太阳辐射较强、气温较高、昼夜温差较大的气候状况下所测量的数据。各工况所比较的主要热工参数为：室内空气温度、屋顶内表面温度及热流。

2.3.1 2015 年实验结果分析

1. 裸屋顶无保温层夜间自然通风

夜间自然通风工况选择了 2015 年 8 月 30 日、31 日两个晴天实验数据进行分析，2015 年 8 月 25 日～29 日为阴雨天气，绿化屋顶种植盘中土壤蓄积了足够的雨水。绿化植物选用落地生根，种植槽直接放置在钢筋混凝土屋面板上，对比房间的屋顶为相同材质、相同厚度的钢筋混凝土，且均无保温层。2 个实验箱均在 21:00 开启南北向墙上的通风口，8:00 关闭通风口，2 个实验箱平均换气次数均为 8 次/h。室外天气情况如图 2.7 所示，最大太阳辐射为

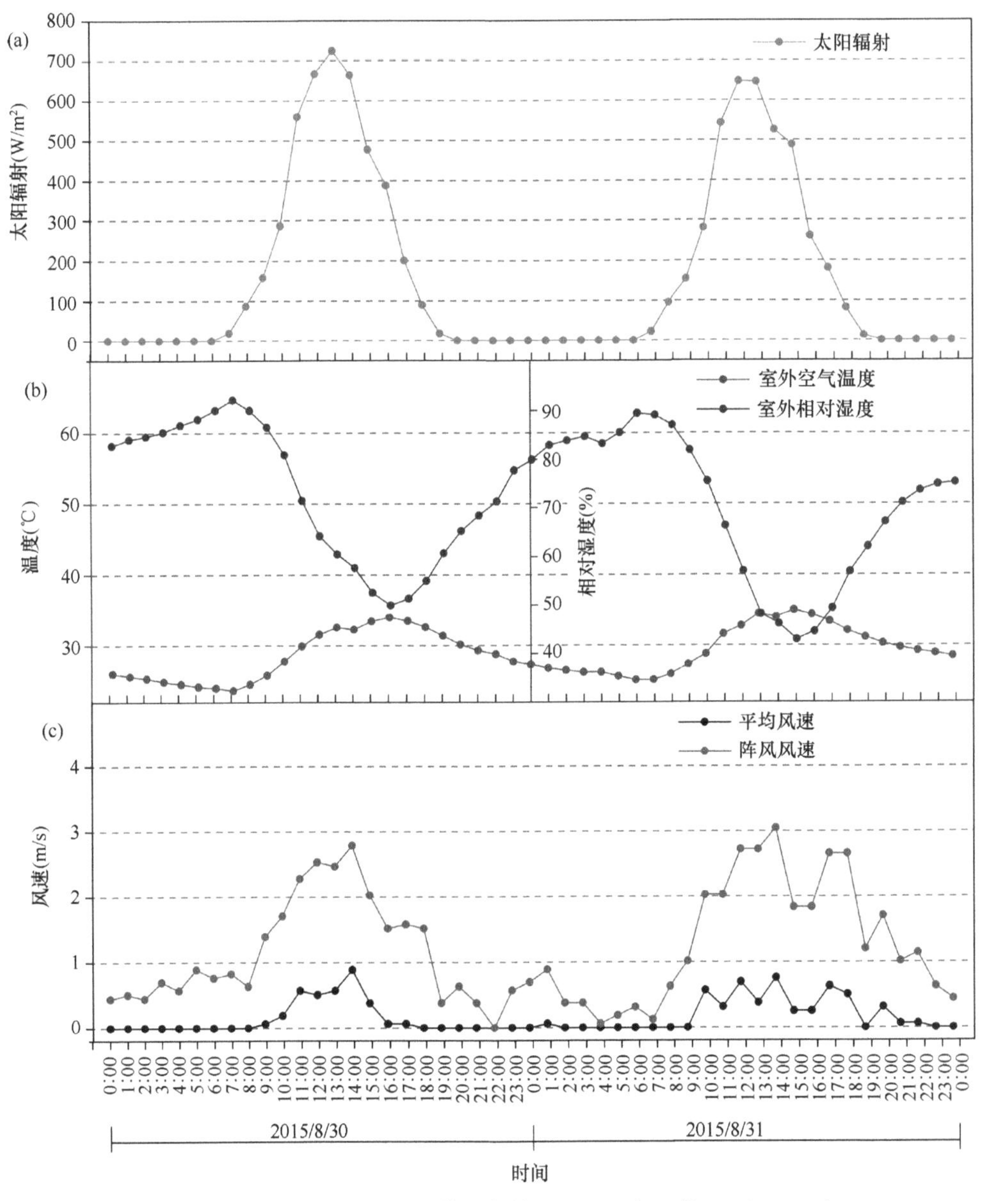

图 2.7 夜间自然通风工况室外天气情况（2015 年 8 月 30 日～31 日）

（a）太阳辐射；（b）室外空气温湿度；（c）室外平均风速及最大阵风风速

660.0W/m²；室外温度最高 35.0℃，最低 23.6℃，昼夜温差达 11.3℃；室外空气相对湿度 42.9%～92.2%；室外平均风速 0.2m/s，最大风速 3.1m/s。落地生根叶片冠层吸收率、反射率及透射率分别为 0.47、0.38、0.15（图 2.8），即只有 15%的太阳辐射可以通过冠层照射到土壤表面。

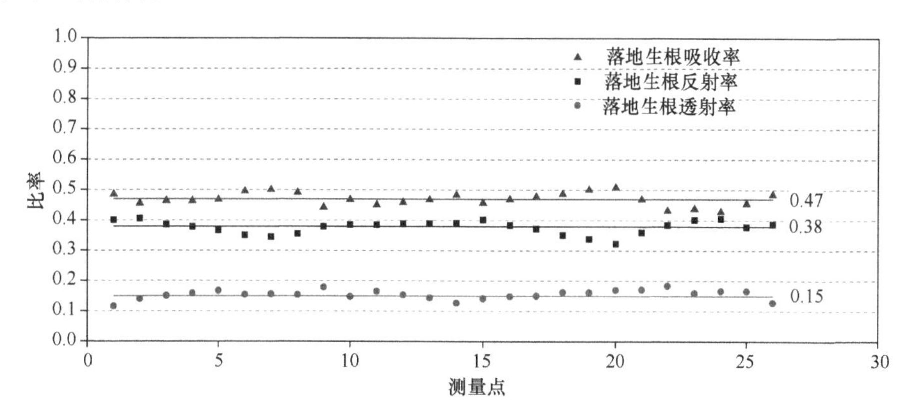

图 2.8 落叶生根叶片吸收率、反射率及透射率（2015 年 8 月 30 日～31 日）

1）温度分布

图 2.9 为绿化屋顶与裸屋顶在夜间自然通风工况下各测点的温度分布情况。在各项测量数据中，裸屋顶外表面在白天的峰值温度最高，可达 43.8℃，且峰值出现时间与室外空气温度及叶片表面温度基本相同，而其他测点的峰值则均有不同程度的延迟。在 2015 年 8 月 30 日及 31 日 0：00～10：00 时间段裸屋顶房间的室内温度均低于绿化屋顶，10：00～0：00 时间段裸屋顶房间室内温度高于绿化屋顶。由于土壤的蓄热能力较强，绿

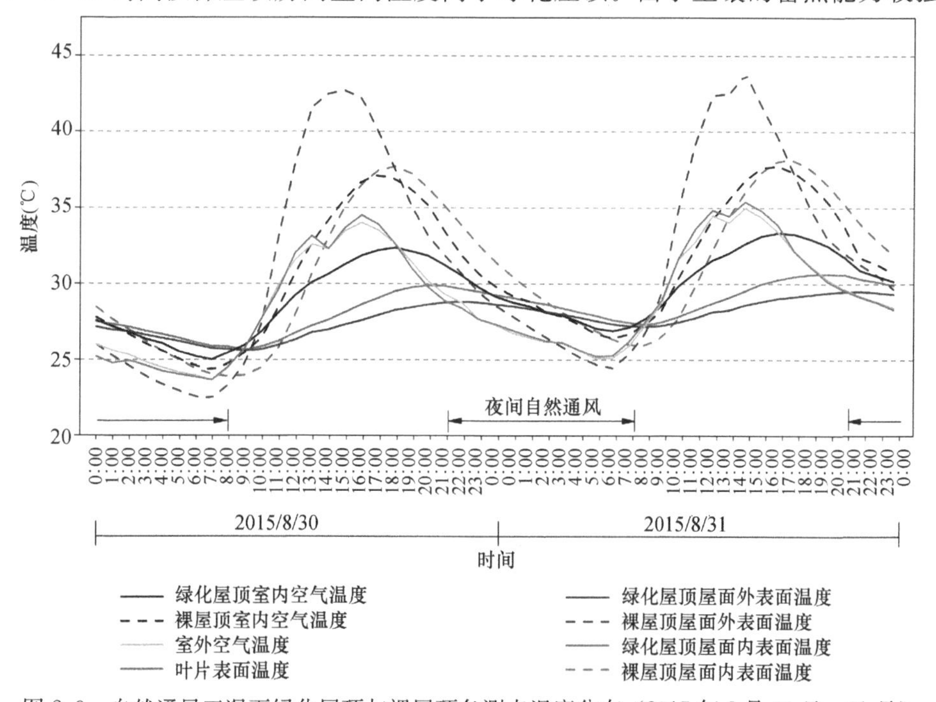

图 2.9 自然通风工况下绿化屋顶与裸屋顶各测点温度分布（2015 年 8 月 30 日～31 日）

化屋顶各测点的峰值延迟时间大于裸屋顶，且绿化屋顶的屋面板外表面温度在全天始终低于30.0℃，绿化屋顶和裸屋顶屋面板外表面最大温差达14.3℃。相较于裸屋顶，绿化屋顶房间的室内温度有显著降低，在关闭通风口的8：00～21：00期间，绿化屋顶与裸屋顶室内最大温差达5.0℃，平均温差达2.5℃。当21：00开启通风口进行夜间自然通风后，2个实验箱的室内空气温度均开始降低，23：00左右两个实验箱室内温度趋于一致，4：00～10：00裸屋顶室内温度略低于绿化屋顶，最大温差小于1.0℃。

对于绿化屋顶各测点而言，在8：00～21：00关闭通风口期间，屋面板外表面温度最低，各测点温度从低到高依次为:绿化屋顶屋面板外表面温度＜绿化屋顶屋面板内表面温度＜绿化屋顶室内空气温度＜叶片表面温度＜室外空气温度。这表明在白天，绿化屋顶植物种植盘下温度最低，绿化植物及土壤起到了冷却室内空气及植物周围空气的作用；在21：00开启自然通风后，室外空气温度最低，室内空气温度随着室外空气的引入而逐渐降低，在2：00后，各测点温度从低到高依次为：室外空气温度＜叶片表面温度＜绿化屋顶室内空气温度＜绿化屋顶屋面板外表面温度＜绿化屋顶屋面板内表面温度，此时室外空气冷却室内空气及屋顶内表面。从图2.9还可以看出，叶片温度在白天略高于室外空气温度，在夜间略低于室外空气温度，这主要是由于叶片除了与室外空气进行对流换热以外，在白天还要吸收太阳辐射，导致叶片温度高于室外空气温度；而在夜间，由于叶片与天空所进行的长波辐射，导致其表面温度略低于室外空气温度。此外，由图2.9可知，在未开启夜间通风时，绿化屋顶屋面板外表面温度始终低于内表面温度，随着夜间自然通风的开启，室内空气温度在2：00后低于屋面板内外表面温度，此时夜间通风的降温效果占主导作用。

对于裸屋顶实验箱，在夜间屋面板的内外表面温度比绿化屋顶更低，甚至在3：00～8：00低于室外空气温度。这主要是由于在夜间，室外空气直接流过裸屋顶的内外表面，且在天空长波辐射和空气对流的作用下，导致屋面板内外表面低于室外空气温度。由于绿化屋顶的土壤层在夜间起到了保温作用，阻止室外冷量从上表面进入室内，同时阻碍室内热量向外散发。而裸屋顶没有保温层，室外冷量可以较为快速地通过混凝土屋面板传递到室内，这也使得在4：00～10：00裸屋顶房间室内温度略低于绿化屋顶。在8：00关闭自然通风后，由于太阳辐射作用，裸屋顶屋面板外表面温度开始逐渐升高，内表面温度开始低于外表面温度，此种状态一直持续到18：00。在18：00左右裸屋顶外表面温度低于内表面温度，19：00左右低于室内空气温度，此时，裸屋顶外表面向内表面释冷，同时由于夜间通风的开启，室外冷空气又冷却了屋顶内表面。图2.9还显示，裸屋顶实验箱的室内温度在一天内的波动非常剧烈，最大振幅达12℃，而绿化屋顶实验箱室内温度最大振幅仅7℃。

从而可得出，绿化植物及土壤组成的模块式种植盘将屋面板与室外环境隔离，使种植盘下的屋面板处于一个相对稳定的热环境下，减少了室外气候对室内温度的扰动，在白天发挥了极大的遮阳隔热降温作用，相当于一个天然冷源；在夜间绿化屋顶相当于保温层，阻止了室内热量向室外的散发。因此，在夏季引入室外低温空气进行夜间通风，可弥补绿化屋顶在夜间不利于散热的不足。而裸屋顶由于直接与室外环境接触，在白天吸收太阳辐射热，相当于一个热源；而在夜间又能通过室外空气对屋面板内外表面的对流换热、天空对外表面的长波辐射换热成为一个冷源，将室内热量散发到室外。但由于白天室内长期处于过热状态，室内热环境较为恶劣。

2）热流

本实验测量了流过2个实验箱屋面板内表面的单位面积热流量，选取2015年8月31日的热流数据进行分析，如图2.10及表2.5所示。由于本书研究对象为绿化屋顶，所测量的热流为屋顶内表面热流（包括屋顶内表面与室内空气的对流换热和实验箱墙、地内表面对屋顶内表面的辐射换热），因此本书所提及的“吸热”（heat absorption）、“放热”（heat release）均是指屋顶内表面得到或失去的热量：热量从室内传向屋顶内表面为“吸热”，即为屋顶“蓄热”的过程；热量从屋顶内表面传向室内为“放热”，即为屋顶“蓄冷”的过程。屋顶内表面的“吸热”（蓄热）过程可将室内热量存储在屋面板内继而传递到室外，而“放热”（蓄冷）过程可将夜间通风开启时由室外空气带来的冷量存储在屋面板内待次日释放到室内抵消太阳辐射带来的热量。因此，合理利用屋面板内表面的“蓄热”和“蓄冷”功能对改善室内热环境极为有利。为方便研究，本书规定屋顶内表面“放热”为正，“吸热”为负。

由于2015年夏季未对2个实验箱西墙内外表面进行测量，而2个实验箱的墙、地构造在2015年和2016年完全相同，因此本书选用2016年夏季的数据对实验箱墙体内表面对屋顶内表面的热辐射情况加以说明。在对2个实验箱最不利外墙——西墙外表面进行测量后发现2016年8月11日、12日绿化屋顶及裸屋顶实验箱西墙外表面平均温度分别为32.8℃和32.5℃，可见室外气候对2个实验箱西外墙的影响基本相同。而西墙内表面对屋顶内表面的辐射换热量由西墙内表面与屋顶内表面温差决定，在对2016年8月11日、12日两天的测量数据分析后发现，西墙内表面在白天向屋顶内表面辐射热量，在夜间则是屋顶内表面向西墙辐射热量。对西墙内表面和屋顶内表面温度取平均值后发现，绿化屋顶实验箱西墙内表面温度为32.4℃，屋顶内表面温度为32.0℃；裸屋顶实验箱西墙内表面温度为32.2℃，屋顶内表面温度为32.3℃。可见对全天而言，2个实验箱西墙内表面与屋顶内表面的温差较小，西墙在白天向屋顶内表面辐射的热量和夜间屋顶内表面向西墙辐射的热量基本相等，总辐射量接近0，可忽略不计。因此，本书主要讨论对流换热对屋顶内表面的影响。

对2015年8月31日夜间自然通风工况下绿化屋顶及裸屋顶热流量数据分析后发现，绿化屋顶内表面热流在一天24h内的传热过程分为两个阶段，如图2.10（a）所示：

（1）放热（蓄冷）阶段：0:00～8:00（8h）。

（2）吸热（蓄热）阶段：8:00～0:00（16h）。

而裸屋顶内表面热流在一天24h内的传热过程分为三个阶段，如图2.10（b）所示：

（1）放热（蓄冷）阶段：0:00～6:30（6.5h）。

（2）吸热（蓄热）阶段：6:30～15:30（9h）。

（3）放热（蓄冷）阶段：15:30～0:00（8.5h）。

从图2.10可以看出，绿化屋顶内表面在8:00～0:00的16h内都处于吸收室内热量（蓄热）的状态，0:00～8:00向室内放热（蓄冷）；而裸屋顶内表面则在6:30～15:30吸收室内热量（蓄热），0:00～6:30以及15:30～0:00均向室内放热（蓄冷）。因此，裸屋顶内表面相比绿化屋顶多出7h的放热时间，且是从较为炎热的下午到午夜。从图2.9可以看出，裸屋顶实验箱的室内温度和屋顶内表面温度从15:30～0:00均高于绿化屋顶实验箱，尤其是下午时段，室内空气最大温差达 4.5℃，屋顶内表面最大温差达 7.9℃，因此 15：30～0：00 时间段内裸屋顶内表面对室内的放热造成室内温度过高，使实验箱长时间处于过热状态。这种放热（蓄冷）过程在本书中称为“不利蓄冷”。反观绿化屋顶，8：00～0：00 屋顶内表面温度一直低于室内，热量持续不断地从室内传递给屋顶内表面，再由屋顶外表面传递给种植基盘，从而通过土壤和植物的蒸发蒸腾作用将热量带到室外，这对室内热环境是极为有利的，因此我们将这种吸热状态称为“有利蓄热”。而在 0：00～6：30 时间段内，裸屋顶内外表面由于与室外空气对流换热和天空辐射的作用温度大幅度降低，此时裸屋顶内表面及室内温度均低于绿化屋顶，蓄冷效果优于绿化屋顶，在该时间段内的放热（蓄冷）我们称为“有利蓄冷”。从表 2.5 来看，裸屋顶的放热（蓄冷）量是绿化屋顶的 4 倍，但真正有利的蓄冷量应只计算 0：00～6：30 的数值 23.5W/m²，这与绿化屋顶内表面 0：00～8：00 的蓄冷量 18.5W/m² 较为接近。

观察图 2.10 可知，绿化屋顶与裸屋顶相比，最大的优势是下午到午夜时段，绿化屋

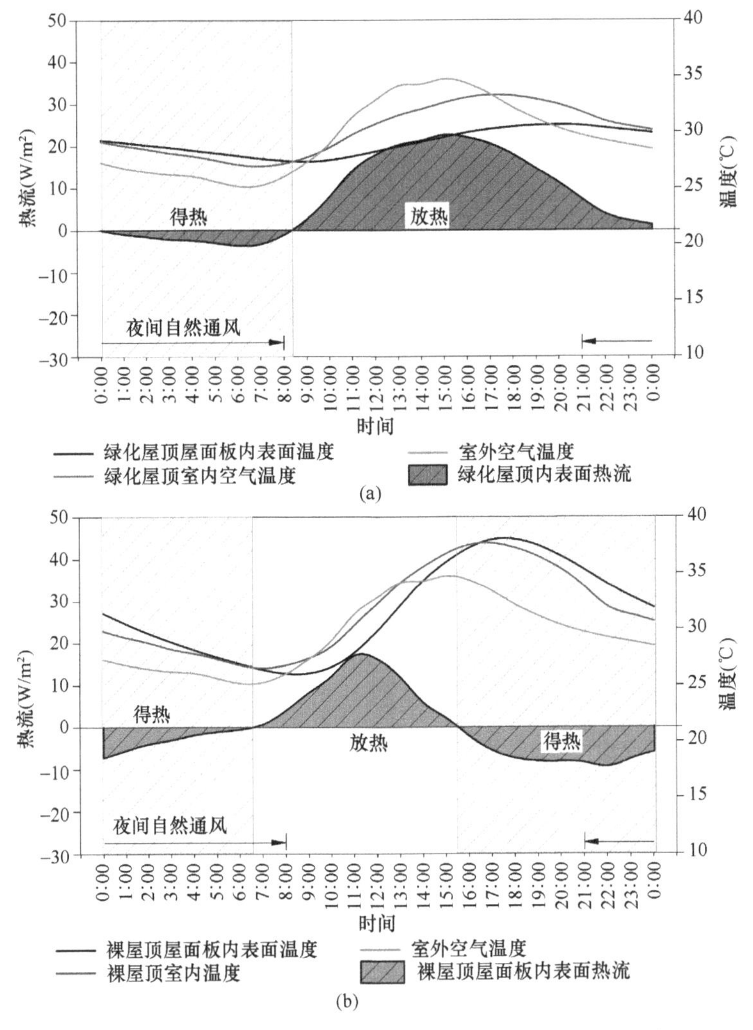

图 2.10　夜间自然通风工况下绿化屋顶及裸屋顶热流量对比（2015 年 8 月 31 日）
（a）绿化屋顶；（b）裸屋顶

顶由于其卓越的隔热降温效果，将混凝土屋面板与室外气候干扰隔离，使混凝土屋面板内表面长时间处于一个低温状态，温度波动非常小。绿化屋顶内表面最大温差仅为2℃，在8：00～24：00的16h都吸收室内热量。但由于其良好的隔热作用，也导致在夜间通风时段屋面板内表面的蓄冷效果较裸屋顶稍差。裸屋顶由于未作保温隔热处理，仅一层混凝土屋面板，导致屋面板内表面受室外气候影响显著，内表面温度在一天内的波动强烈，最高可达38℃，最低24℃，最大温差14℃。随着白天太阳辐射的增强，到15：30夜间蓄存的冷量就被消耗完。此时裸屋顶内表面温度开始高于室内温度，继而向室内放热，使得裸屋顶实验箱室内热环境较绿化屋顶差。该次实验表明，还应设法增加绿化屋顶内表面的蓄冷能力，使夜间通风发挥更大的效果。为此，需增大屋顶内表面与室内空气温差、增强混凝土屋面板的蓄冷性能：可通过增大夜间通风量和合理组织气流、采用热容量更大的屋顶内表面材料来实现。

由表2.5还可以得出，裸屋顶通过屋顶内表面的吸热和放热量几乎相等，吸热和放热比为1.0，而绿化屋顶的吸热量远小于放热量，放吸热比为0.1。可见，绿化屋顶的隔热效果显著，使得绿化屋顶实验箱的屋顶内表面大部分时间温度都是低于室内温度的，充当一个蓄热体吸收室内热量。与之相比，夜间通风时所蓄存的冷量较小，但也不能忽视这部分冷量，如果不开启夜间通风，室内空气温度会高于开启夜间通风时的温度，无法发挥屋顶的蓄冷功能。

夜间自然通风工况下绿化屋顶及裸屋顶内表面吸放热对比（2015年8月31日） 表2.5

	放热量（W/m^2）	吸热量（W/m^2）	放吸热比	放热时间		吸热时间	
				时间段	小时数（h）	时间段	小时数（h）
绿化屋顶	18.9	207.5	0.09	0：00～8：00	8	8：00～24：00	16
裸屋顶	23.5	79.0	1.03	0：00～6：30	6.5	6：30～15：30	9
	58.0			15：30～24：00	8.5		
	81.5(合计)				15（合计）		

注：表中吸热量、放热量均指屋顶内表面所吸收或放出的热量

2. 裸屋顶无保温层夜间机械通风

本实验选择了3个连续晴天（2015年8月22日～24日）进行了夜间机械通风的测量，实验前一周为阴雨天气，绿化屋顶种植盘中的土壤蓄积了足够的雨水。绿化植物选用落地生根，种植槽直接放置在钢筋混凝土屋面板上，对比房间的屋顶为相同材质、相同厚度的钢筋混凝土，且均无保温层。该实验工况需关闭2个实验箱南墙上部通风口，开启南墙下部通风扇以及北墙上部通风口，21：00～次日8：00进行夜间机械通风，2个实验箱平均换气次数在3天实验期内分别为25次/h、20次/h、12次/h。实验期间的室外天气状况如图2.11所示。最大太阳辐射为700.0W/m^2；室外温度最高34.7℃，最低24.2℃，昼夜温差达10.5℃；室外空气相对湿度47.7%～90.8%；室外平均风速0.2m/s，最大风速3.1m/s。落地生根叶片冠层吸收率、反射率及透射率分别为0.42、0.38、0.20

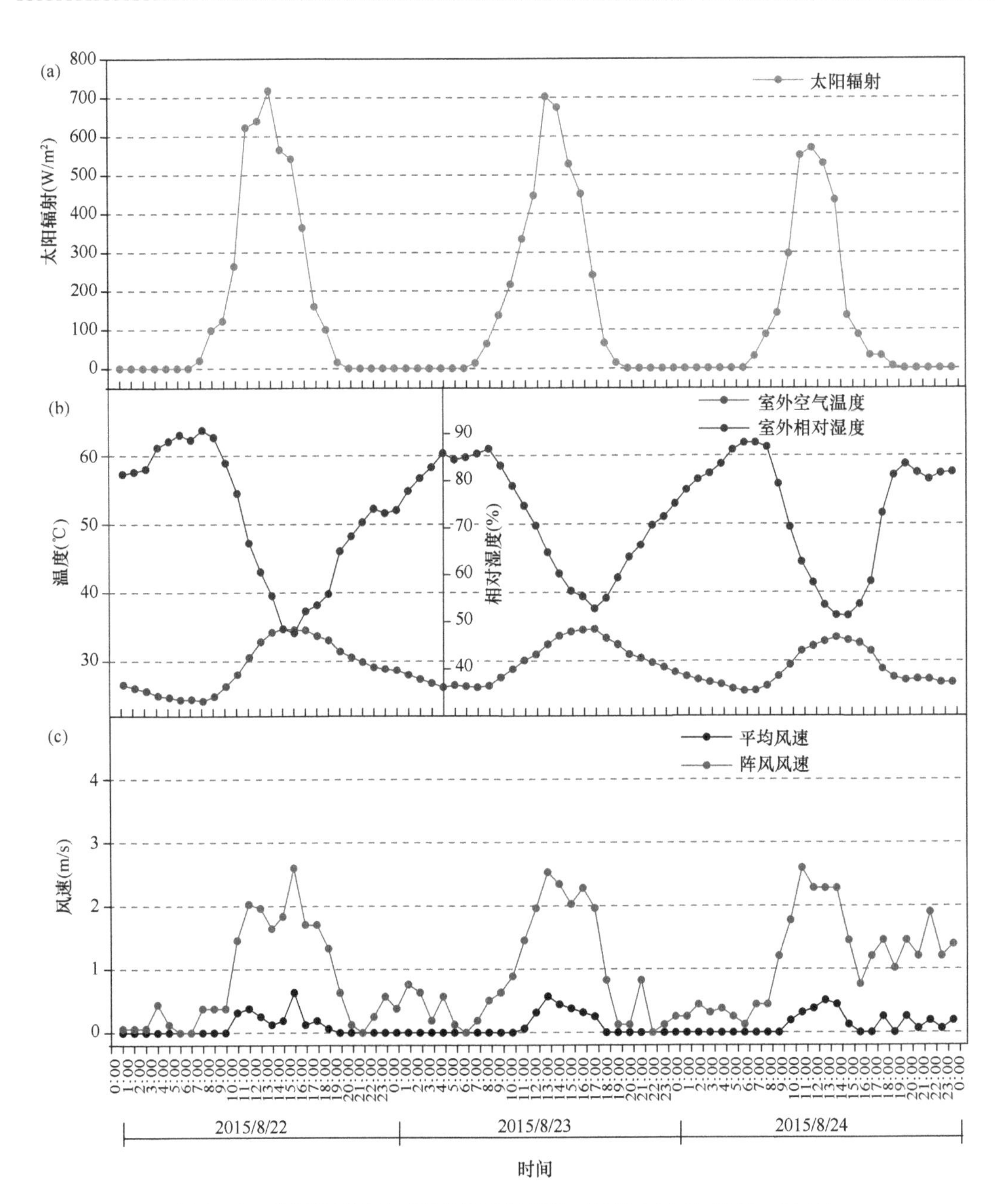

图 2.11 夜间机械通风工况室外天气情况（2015 年 8 月 22 日～24 日）

(a) 太阳辐射；(b) 室外空气温湿度；(c) 室外平均风速及最大阵风风速

(图 2.12)，即只有 20%的太阳辐射可以通过冠层照射到土壤表面，与夜间自然通风工况（2015 年 8 月 30 日～31 日）时的叶片透射率相比，可见植物经过一周的生长，透射率从 0.20 降低到 0.15。

1）温度分布

机械通风工下况下 2 个实验箱的温度变化趋势与自然通风工况相似，不同的是机械通风在改变换气次数后，室内的空气混合程度发生变化，围护结构的蓄冷情况也有所不同，

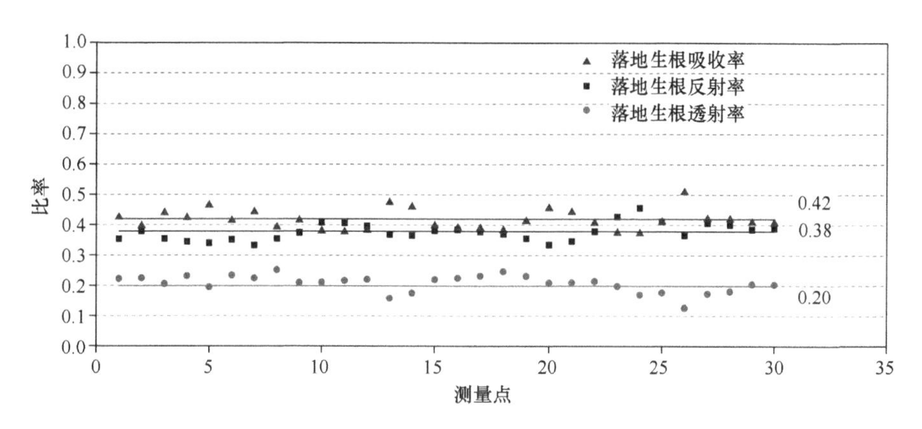

图 2.12 落叶生根叶片吸收率、反射率及透射率（2015 年 8 月 22 日～24 日）

因此本节重点分析换气次数变化对室内热环境的影响。比较绿化屋顶和裸屋顶房间室内空气温度，发现随着换气次数的增大，在夜间机械通风时段（21：00～次日 8：00），两房间室内空气温差逐渐减小，依次为 0.4℃、0.2℃、0.1℃（表 2.6），说明增大房间的换气次数有助于加强室外冷空气与室内高温空气混合，降低室内空气温度。由图 2.13 绿化屋顶及裸屋顶实验箱室内空气温度与室外空气温度曲线还可以得出，换气次数越高，室内空气温度越接近室外空气温度。在关闭通风时段（8：00～21：00），绿化屋顶与裸屋顶实验箱室内温差逐渐增大：换气次数 12 次/h 时，最大为 3.6℃，平均温差 2.0℃；换气次数 20 次/h 时，最大温差为 4.9℃，平均温差 2.8℃；换气次数 25 次/h 时，最大温差为 5.5℃，平均温差 3.2℃。在夜间机械通风时段（21：00～8：00），换气次数 12 次/h 时，室内平均

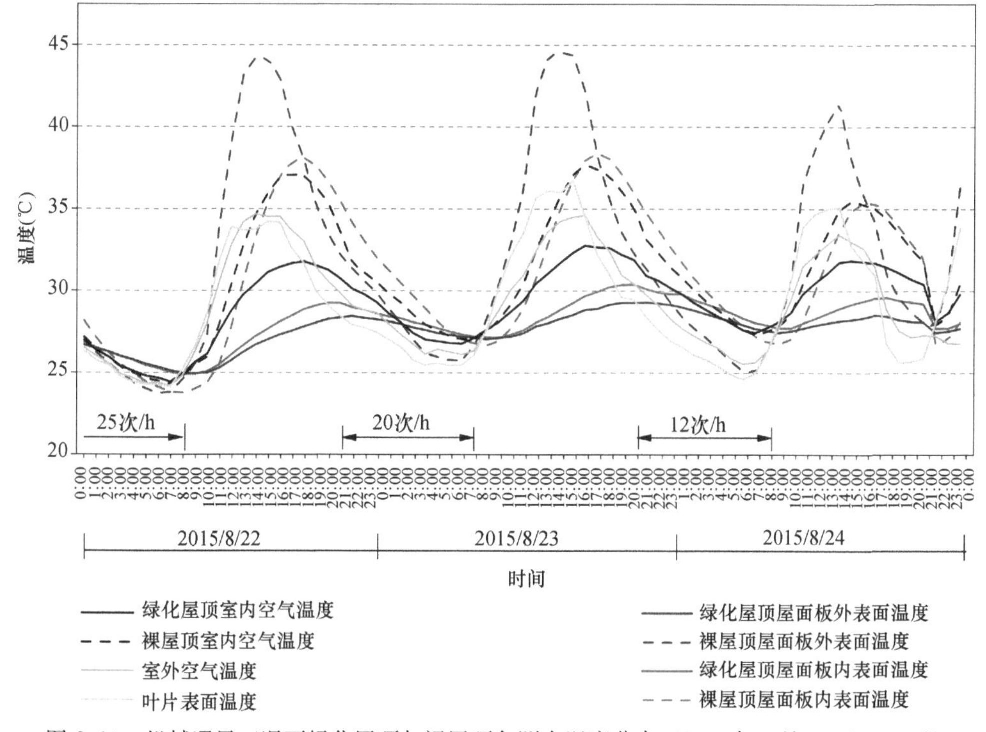

图 2.13 机械通风工况下绿化屋顶与裸屋顶各测点温度分布（2015 年 8 月 22 日～24 日）

温差为0.4℃，增大换气次数后，2个实验箱室内平均温差逐渐减小，当换气次数为25次/h时，室内平均温差仅为0.1℃（表2.6）。因此，增大夜间通风的换气次数更有利于室内空气混合，更快速地降低室内空气温度及屋顶内表面温度，增加围护结构的蓄冷量，在次日有利于抵消白天太阳辐射带来的热量，降低室内空气温度。但从图2.14可看出，从12次/h到20次/h的温差曲线较从20次/h到25次/h陡，因此继续增加换气次数降温效果将不明显，这也与现有的相关研究吻合（Ramponi et al.，2014；Kubota et al.，2009）。

机械通风工况绿化屋顶与裸屋顶室内空气温差对比（2015年8月21日～23日）　　表2.6

换气次数（次/h）	无通风时段（8:00～21:00）		通风时段（21:00～次日8:00）
	最大温差（℃）	平均温差（℃）	平均温差（℃）
12	3.6	2.0	0.4
20	4.9	2.8	0.2
25	5.5	3.2	0.1

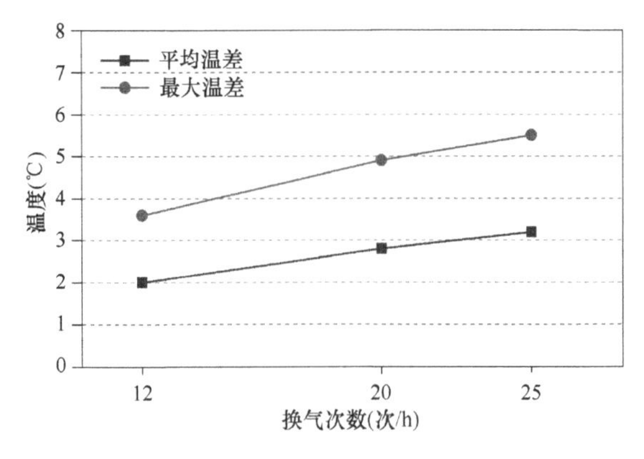

图2.14　室内温差与换气次数的变化关系

此外，由于在进行机械通风实验前的2015年8月16日～19日均有降雨，种植盘及土壤中蓄存了足够的雨水，而机械通风实验期间2015年8月22日～24日并未对植物进行灌溉，因此在实验初期（2015年8月21日～22日）叶片表面温度与室外空气温度几乎相等，而随着水分的蒸发，叶片表面温度与室外空气温度的差值增大。反观自然通风工况，实验前（2015年8月24日～29日）均为阴雨天气，种植盘内积存了大量的降水，在测量期间（2015年8月30日～31日）有充足的水分供植物和土壤蒸发，使得植物叶片温度与室外空气温度非常接近。因此，土壤的含水量对绿化植物的降温效果有重要影响，须加以研究。但由于2015年未设置测量含水量仪器因此无法进行相关测量，在2016年增加了土壤含水率探头。

2）热流

机械通风工况下绿化屋顶和裸屋顶内表面热流变化趋势与自然通风相似，如图2.10及图2.15所示。由表2.7可知，随着机械通风量的增大，2个实验箱屋顶内表面的吸热量和放热量均有所增大，这表明增大房间的换气次数，可提高屋面板的换热强度。绿化屋顶在一天内的放热（蓄热）小时数基本稳定，维持在7～8h，对应的吸热（蓄热）小时数为16～17h。而裸屋顶放热（蓄冷）小时数则为13.5～15h，对应的吸热（蓄热）小时数为9.5～10.5h。

对于绿化屋顶房间，在夜间通风时段（21:00～次日8:00），室内空气由最初高于屋顶内表面温度（热量由室内流向屋顶内表面——屋顶内表面“吸热”）逐渐降低，直至室

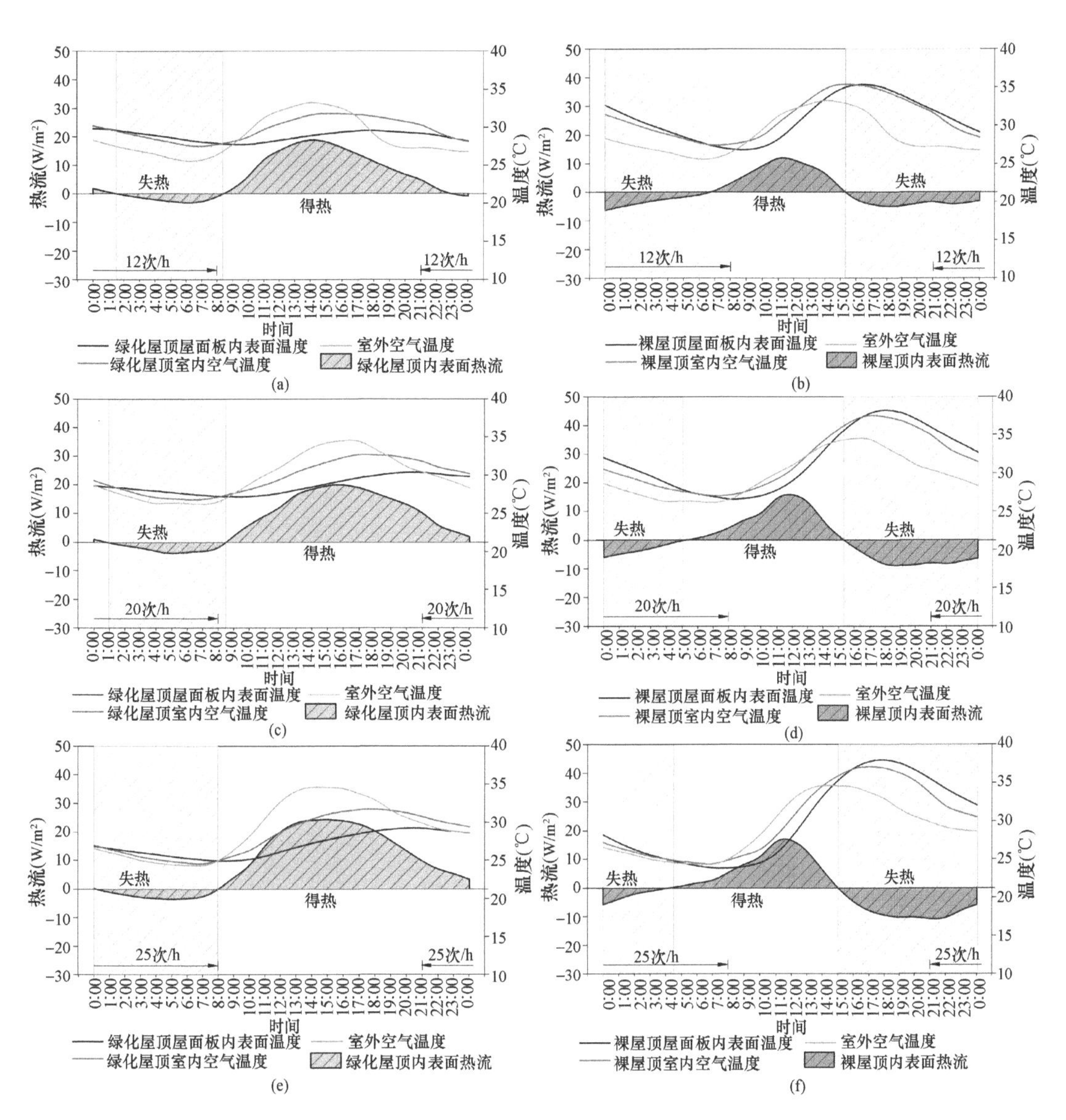

图 2.15　夜间机械通风工况下绿化屋顶及裸屋顶热流量对比（2015 年 8 月 22 日～24 日）

（a）（c）（e）换气次数为 12 次/h、20 次/h、25 次/h 时绿化屋顶；

（b）（d）（f）换气次数为 12 次/h、20 次/h、25 次/h 时裸屋顶

内温度低于屋顶内表面温度（热流由屋顶内表面流向室内——屋顶内表面“放热”），这个分界点出现在 0：00～1：30。由图 2.15（a）、（c）、（e）可知，在 0：00～8：00 时段，由吸热转变为放热的时间点随着换气次数的增大逐渐提前：从 1：30 到 1：00，再到 0：00；并且绿化屋顶房间的放热（蓄冷）小时数随着换气次数的增加也逐渐增大：分别为 7h、7.5h、8h。这主要是由于换气次数在 12 次/h 和 20 次/h 时，通风扇的风速较小，室内热空气与室外冷空气混合度较低，室内空气温度高于屋顶内表面温度，室内热量在开启机械通风的相当长时间内仍通过屋顶内表面向室外传递；当换气次数 25 次/h 时，0：00～8：00时段内绿化屋顶空气温度低于屋顶室内温度，这说明增大换气次数可增大夜间通风

引入的室外冷空气和室内空气的混合程度，使室内温度降低到低于屋顶内表面温度所需的时间缩短。而裸屋顶内表面在0：00～8：00的放热小时数随着换气次数的增加是逐渐缩短的，分别在6：30、5：00、4：30由放热转变为吸热。这主要是由于随着换气次数的增加，增强了裸屋顶混凝土屋面板内表面的换热，而夜间室外空气与屋顶外表面也进行着对流换热，此时屋顶外表面的温度可低至24℃，屋顶外表面部分冷量传递给内表面，使屋顶内表面温度快速下降到低于室内空气温度的水平，使裸屋顶相比绿化屋顶内表面更快进入吸热状态。

夜间机械通风工况下绿化屋顶及裸屋顶内表面吸放热对比

（2015年8月22日～24日） **表2.7**

	换气次数（次/h）	放热量（W/m^2）	吸热量（W/m^2）	放吸热比	放热时间		吸热时间	
					时间段	小时数（h）	时间段	小时数（h）
绿化屋顶	12	14.1	156.4	0.09	1：30～8：30 23：00～24：00	8	0：00～1：30 8：30～23：00	16
	20	18.6	185.7	0.09	1：00～8：30	7.5	0：00～1：00 8：30～24：00	16.5
	25	19.8	238.0	0.08	0：00～8：00	8	8：00～24：00	16
裸屋顶	12	56.9	59.8	0.95	0：00～5：00 15：00～24：00	15	5：00～15：00	9
	20	77.8	75.8	1.03	0：00～6：30 15：30～24：00	15	6：30～15：30	9
	25	86.52	81.1	1.07	0：00～4：30 15：00～24：00	13.5	4：30～15：00	10.5

注：表中吸热量、放热量均指屋顶内表面所吸收或放出的热量。

由表2.7可知，绿化屋顶内表面放吸热比稳定在0.08～0.09，而裸屋顶由0.95增大至1.07，说明换气次数可增大绿化屋顶和裸屋顶的换热量，但对绿化屋顶内表面的放吸热比影响不大，而对裸屋顶内表面的放吸热比影响较为明显。这主要是由于绿化屋顶的土壤层蓄热能力较混凝土板强，热稳定性更好。

与自然通风工况相比，机械通风换气次数25次/h时绿化屋顶及裸屋顶的换热量略大于自然通风换气次数8次/h（见表2.5、表2.6）。

从前两种工况的实验数据发现，机械通风与自然通风相比，降温效果并没有显著提高。这可以从室内空气流动情况进行分析：自然通风口靠近屋顶，开启通风口后，室外空气水平掠过；而机械通风从上部将室外冷风引入，由下部抽风机抽出，这种通风模式与自然通风相比，室内空气混合更均匀，但与屋面板内表面的接触不够充分。由于实验箱较小，在设计之初认为两种空气流动方式对室内温度的影响不会太大，然而从实验结果来看，夜间自然通风的降温效果接近机械通风最大挡位。因此，在夜间通风时段，用较低的风速掠过屋面板，使冷量蓄存在屋面板中在白天释放比用较大风速冷却整个房间更为经济有效。Artmann 等人（2010）的研究也得出相同的结论：当引入的室外空气流速较小时，气流出口应尽可能靠近顶棚以使室外冷空气带走室内更多的热量。

3. 裸屋顶无保温层全天封闭

为了研究夜间通风的效果，本实验还测量了 2 个实验箱全封闭工况的热工参数。实验选择在 2 个连续晴天（2015 年 9 月 3 日～4 日）进行。由于 2015 年 9 月 2 日有阵雨，绿化屋顶种植盘的土壤中蓄积了一定的雨水。实验期间的气候情况如图 2.16 所示：最大太阳辐射为 651.5W/m^2；室外温度最高 34.1℃，最低 24.8℃，昼夜温差达 9.3℃；室外空气相对湿度 53.5%～92.3%。落地生根叶片冠层吸收率、反射率及透射率分别为 0.49、0.36、0.15（图 2.17），即只有 15%的太阳辐射可以通过冠层照射到土壤表面，与夜间自

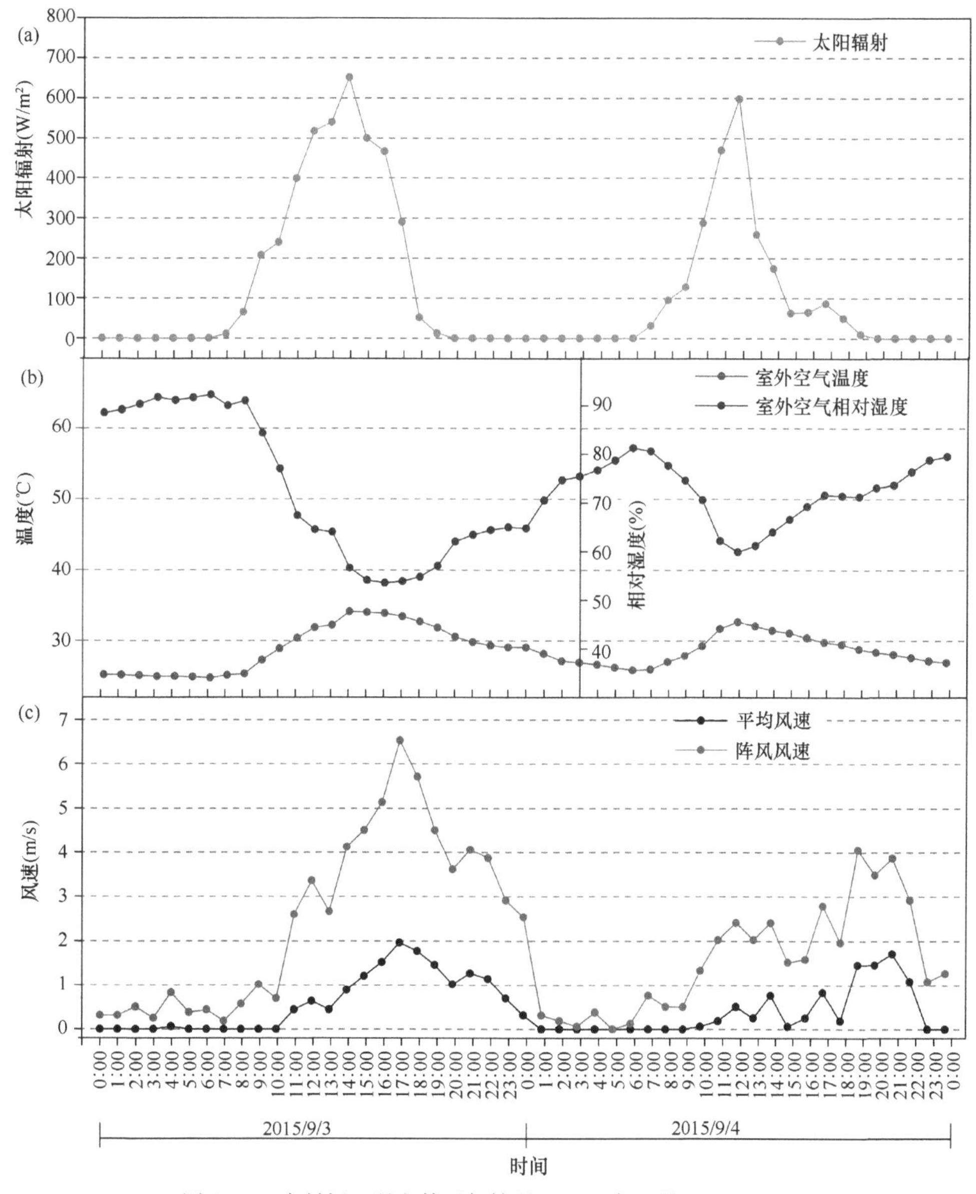

图 2.16 全封闭工况室外天气情况（2015 年 9 月 3 日～4 日）

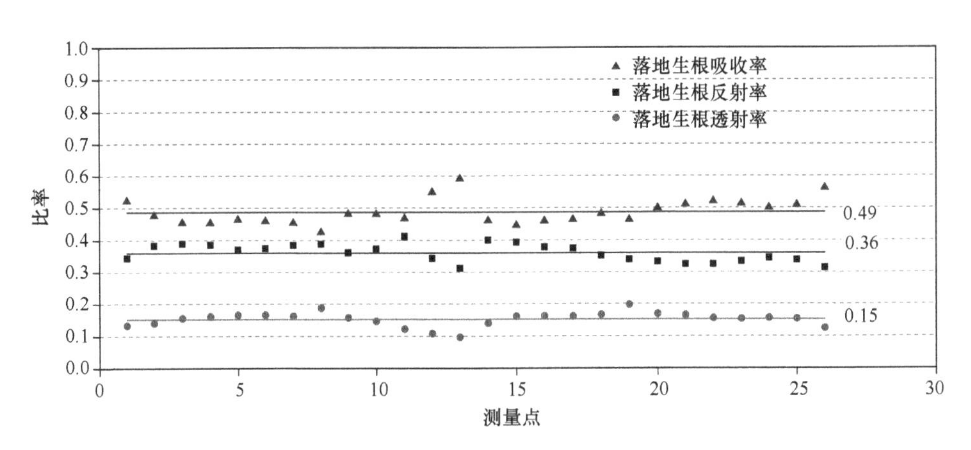

图 2.17　落叶生根叶片吸收率、反射率及透射率（2015 年 9 月 3 日～4 日）

然通风工况（2015 年 8 月 30 日～31 日）时的叶片透射率相比，透射率不变，吸收率有所增加，反射率略微减少。

1）温度分布

图 2.18 为绿化屋顶与裸屋顶实验箱在全天无通风工况下各测点的温度分布情况。在各项测量数据中，裸屋顶外表面在白天的峰值温度最高，可达 41.7℃，且峰值出现时间与室外空气温度及叶片表面温度基本相同，而其他测点的峰值则均有不同程度的延迟。

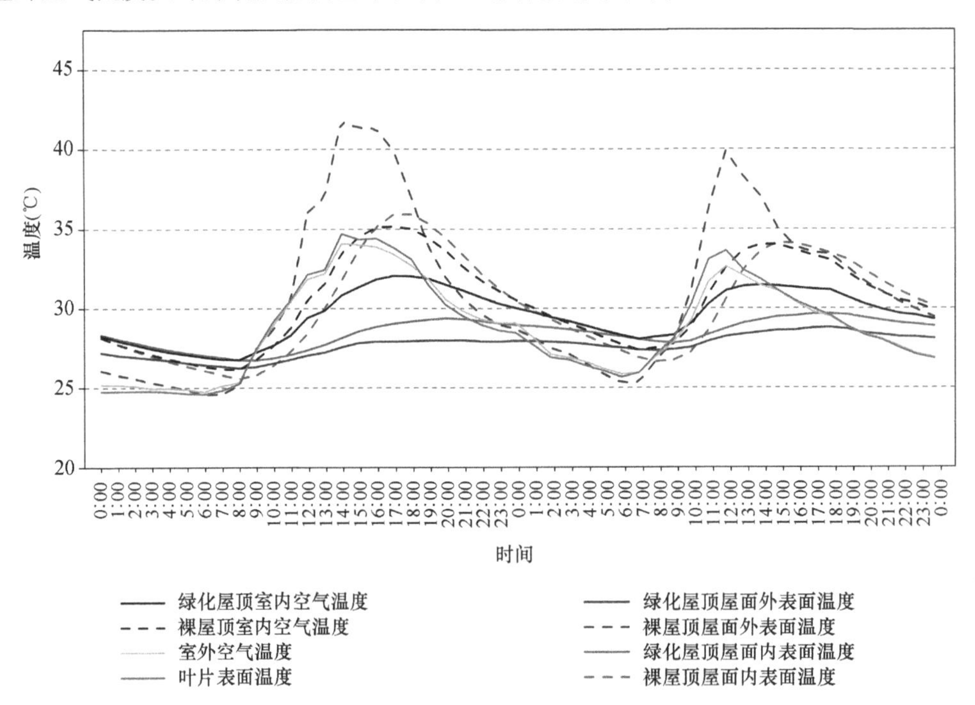

图 2.18　全天无通风工况下绿化屋顶与裸屋顶各测点温度分布（2015 年 9 月 3 日～4 日）

对于绿化屋顶实验箱，在夜间叶片表面温度最低，各测点温度从低到高依次为：叶片表面温度＜室外空气温度＜绿化屋顶屋面板外表面温度＜绿化屋顶室内温度＜绿化屋顶屋面板内表面温度。由此可见，绿化屋顶屋面板外表面温度低于内表面以及室内温度，在夜间主要依靠屋面板外表面提供的冷量降低室内温度，即夜间绿化屋顶实验箱的冷源为植盘内温度较低的土壤。白天的降温情况与前两种工况相似。

对于裸屋顶实验箱，在2015年9月3日夜间0:00～5:00时间段内，屋顶外表面温度最低，各测点温度由低到高依次为：室外空气温度＜裸屋顶外表面温度＜裸屋顶内表面温度＜裸屋顶室内温度。而在5:00～8:00，裸屋顶外表面温度甚至低于室外空气温度和叶片表面温度，这主要是由于裸屋顶外表面对天空的长波辐射量大于叶片表面。在白天8:00～15:00，各测点温度由低到高依次为：裸屋顶内表面温度＜室内空气温度＜室外空气温度＜裸屋顶外表面温度。15:00～19:00各测点温度由低到高依次为：室外空气温度＜裸屋顶室内空气温度＜裸屋顶内表面温度＜裸屋顶外表面温度。可见随着太阳辐射的加强和室外空气温度的升高，通过裸屋顶外表面传递给内表面及室内的冷量逐渐被消耗，在15:00之后屋面板内表面温度高于室内空气温度。19:00后，太阳辐射逐渐减少至0W/m^2，裸屋顶外表面温度开始明显下降，各测点温度由低到高依次为：室外空气温度＜裸屋顶外表面温度＜裸屋顶室内温度＜裸屋顶内表面温度。

从而可知，在没有夜间通风的工况下，绿化屋顶实验箱主要靠绿化植物及土壤降低室内温度，而裸屋顶则靠夜间屋顶外表面吸收的冷量作为冷源，在夜间当室外空气温度低于2个实验箱室内空气温度时，无法利用室外空气作为冷源降低实验箱温度，使得绿化屋顶实验箱室内空气温度在21:00～8:00高于室外空气温度2.4℃（平均温差），裸屋顶实验箱室内温度高于室外温度2.3℃（平均温差）。

2）热流

图2.19为绿化屋顶及裸屋顶实验箱室内空气温度、室外空气温度、屋面板内表面温度及热流在2015年9月3日的对比情况。从图中可以看出，在无夜间通风的情况下，0:00～8:00时间段内2个实验箱的室内温度与屋面板内表面温度几乎相等。屋顶内表面放热（蓄冷）较有夜间通风时小，特别是裸屋顶内表面放热量（蓄冷量）仅为1.8W/m^2，绿化屋顶内表面放热量为14.0W/m^2；而在夜间通风工况下，当夜间通风开启后，室内温度会逐渐下降至低于屋面板内表面温度。

全天无通风工况下绿化屋顶及裸屋顶内表面吸放热对比（2015年9月3日）　　表2.8

	放热量（W/m^2）	吸热量（W/m^2）	放吸热比	放热时间		吸热时间	
				时间段	小时数（h）	时间段	小时数（h）
绿化屋顶	14.0	197.4	0.07	0:00～8:00	8	8:00～24:00	16
裸屋顶	1.8	54.7	1.04	0:00～3:00	3	3:00～15:00	12
	55.0			15:00～24:00	9		
	56.8(合计)				12（合计）		

注：表中吸热量、放热量均指屋顶内表面所得到或失去的热量。

表2.8为绿化屋顶及裸屋顶在2015年9月3日全天无通风工况下的热流对比，可以看出，2个实验箱屋顶内表面的换热量与夜间自然通风及夜间机械通风工况相比，主要差别在于绿化屋顶0:00～8:00及裸屋顶0:00～3:00时段放热（蓄冷）量有所减少。绿化屋顶的每小时放热量在0:00～8:00基本上维持在1.4～1.7W/m^2，没有较大起伏；而夜

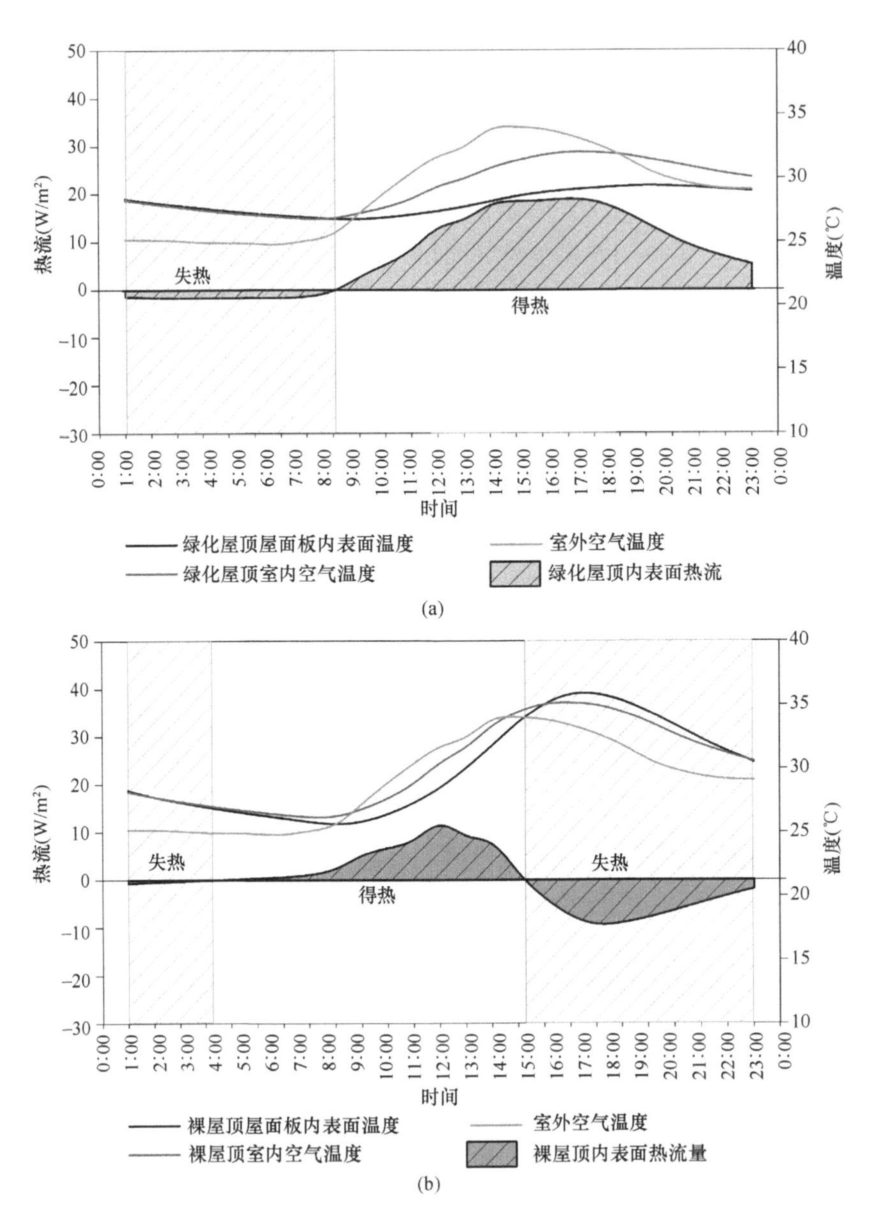

图 2.19 全天无通风工况下绿化屋顶及裸屋顶内表面热流量对比（2015 年 9 月 3 日）

间自然通风和机械通风时在 0：00～8：00 有一个从 0W/m²逐渐升高到 4～5W/m²再逐渐降低到 0W/m²的过程。这说明当不进行夜间通风时，由于绿化屋顶有较好的热稳定性，使屋面板外表面温度维持在 26.2～27.2℃，而室内没有室外冷空气进入，屋面板内表面及室内温度主要受到屋面板外表面温度的影响。因此室内温度及屋面板内表面温度也较为稳定（0:00～8:00，小时平均温差均为 0.1℃），从而使得屋面板内表面得热量也非常稳定。而裸屋顶由于无保温层，屋面板外表面直接与室外空气接触，在与室外空气的对流换热及与天空的长波辐射共同作用下，0：00～8：00 屋面板外表面温度由 26.1℃降低到 24.6℃。屋顶内表面及室内也主要受屋面板外表面温度的影响温度逐渐降低，但屋面板内表面与室内温度非常接近，在 0：00～3：00 屋面板内表面与室内温差从 0.12℃降低为

0℃。因此，0：00～3：00 放热量从 0.7W/m² 下降到 0.2W/m²。3：00 后热流反向，热流从室内流向屋面板内表面。可见，绿化屋顶实验箱的放热（蓄冷）量仍是在夜间时段，总放热量 14.0W/m²，而裸屋顶放热则主要是白天，夜间总放热（蓄冷）量仅 1.7W/m²，白天得热量达 55.0W/m²。而如前文所述，裸屋顶的“有效蓄冷量”即是夜间的 1.7W/m²。可见，全天封闭工况对裸屋顶的影响大于绿化屋顶，因为绿化屋顶种植盘将室外空气与屋面板隔离开，室内受到室外气候的影响较小。

表 2.9 为夜间绿化屋顶及裸屋顶实验箱在夜间时段（21：00～8：00），全天封闭、夜间自然通风、夜间机械通风（25 次/h）三种工况下室内外温差的对比。从表中可以看出，绿化屋顶实验箱三种工况下的室内外平均温差分别为 2.4℃、1.7℃、1.5℃，因此采用夜间通风可显著降低夜间时段的室内温度，使之更接近夜间室外空气温度。此外，全天封闭时绿化屋顶实验箱的室内外温差大于裸屋顶，而采用夜间通风后绿化屋顶实验箱的室内外温差小于裸屋顶。说明当无夜间通风时，绿化屋顶相当于保温层，有利于夏季白天隔热，但限制了夜间向室外散热。因此，对于有绿化屋顶的建筑，采用夜间通风技术可以弥补其在夜间不利于散热的不足。

全天封闭、夜间自然通风及夜间机械通风（25 次/h）工况下的夜间室内外温差对比　　表 2.9

		全天封闭	夜间自然通风	夜间机械通风（25 次/h）
绿化屋顶	最大温差（℃）	3.9	2.1	1.1
	最小温差（℃）	1.0	0.1	0.1
	平均温差（℃）	2.4	1.7	1.5
裸屋顶	最大温差（℃）	3.8	2.6	2.6
	最小温差（℃）	0.7	0.2	0
	平均温差（℃）	2.3	2.1	0.8

2.3.2 2016 年实验结果分析

1. 裸屋顶有保温层夜间自然通风

夜间自然通风工况室外天气情况如图 2.20 所示。自然通风工况土壤含水率如图 2.21 所示。

1）温度分布

图 2.22 为德国景天叶片吸收率、反射率及透射率。图 2.23 为绿化屋顶与加外保温层的裸屋顶在自然通风工况下各测点的温度分布情况。观察各项温度曲线可知，裸屋顶外表面在白天的峰值温度最高，达 53.7℃，且峰值出现时间与室外空气温度、叶片表面、冠层及土壤温度基本相同，而 2 个实验箱其他测点的峰值出现时间相对于室外空气存在延迟现象。与 2015 年裸屋顶未加保温层相比，绿化屋顶与加外保温层的裸屋顶内外表面温度及室内空气温度的峰值出现时间基本相同，这表明裸屋顶的聚苯乙烯外保温层起到了保温隔热作用，延迟了室内空气峰值出现时间，并降低了峰值。从图 2.23 还可以看出在白天，绿化屋顶植物叶片温度＞冠层温度＞室外空气温度＞土壤温度；而在夜间，叶片温度＜冠

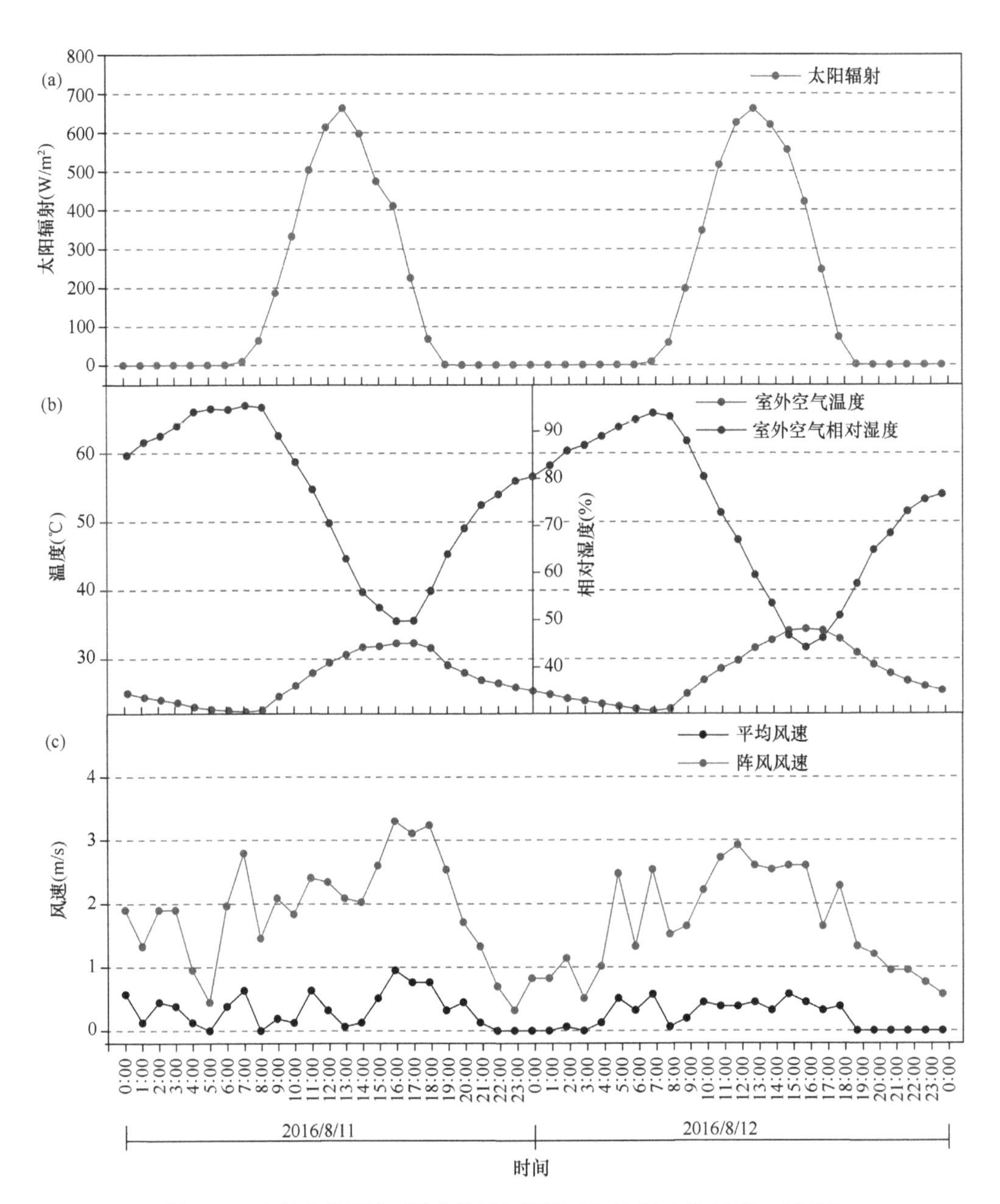

图 2.20 夜间自然通风工况室外天气情况（2016 年 8 月 11 日～12 日）

(a) 太阳辐射；(b) 室外空气温湿度；(c) 室外平均风速及最大阵风风速

层温度＜室外空气温度＜土壤温度。可见，土壤在白天作为绿化屋顶的冷源，而在夜间却是热源，这也反映出绿化屋顶在白天隔热降温，夜间阻止了室外低温空气对屋顶的冷却。同时，绿化植物的叶片温度在白天最高，甚至高于室外空气温度，这主要是因为叶片除了与室外空气发生对流换热以外还受到太阳辐射的作用，而冠层由于叶片对太阳辐射的阻挡，导致温度低于叶片表面，但仍高于室外空气温度。在夜间，室外空气温度低于室内空气温度，特别是夜间通风开始前，绿化屋顶实验箱室内外空气温差达 2℃。此时，将室外凉爽的空气通过夜间通风引入室内，有利于弥补绿化屋顶的土壤层由于热惰性较大在夜间

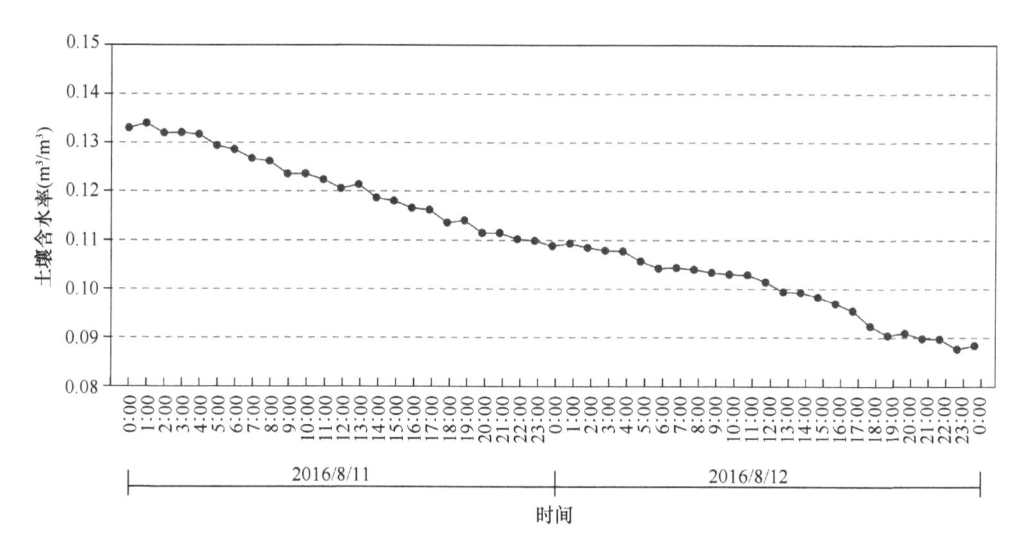

图 2.21 自然通风工况土壤含水率（2016 年 8 月 11 日～12 日）

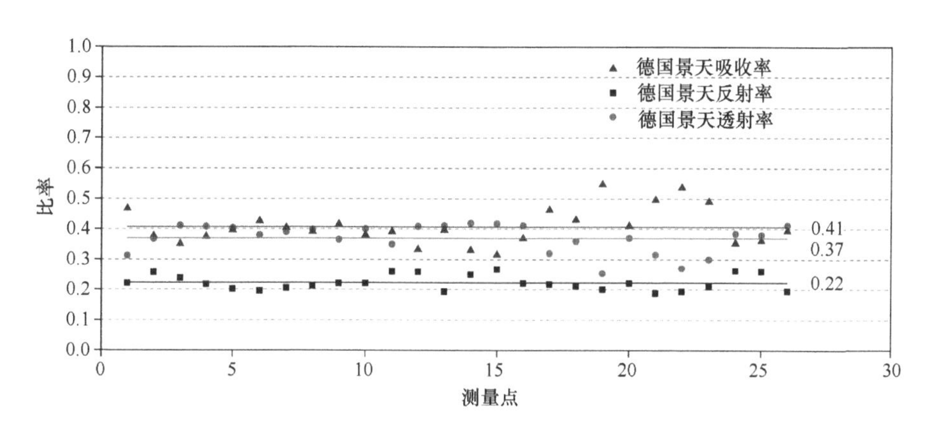

图 2.22 德国景天叶片吸收率、反射率及透射率（2016 年 8 月 11 日～12 日）

散热能力弱的缺陷。此外，随着土壤含水量的下降，其蒸发能力减弱，土壤层温度在 2016 年 8 月 12 日已接近空气温度，但由于绿化屋顶的热稳定性较强，室内温度略有上升，但并未出现较大波动。

由图 2.23 可知，2016 年 8 月 11 日及 12 日全天 24h 内裸屋顶实验箱的室内温度均高于绿化屋顶，这与裸屋顶无外保温的情况有所不同：在裸屋顶无外保温层的夜间自然通风工况下，2:00～10:00 裸屋顶实验箱室内温度略低于绿化屋顶实验箱（平均温差 0.4℃），而裸屋顶钢筋混凝土屋面板加外保温层在开启夜间通风后，裸屋顶实验箱室内温度一直高于绿化屋顶实验箱，说明屋顶保温层在夜间阻止了裸屋顶实验箱室内热量向室外散发，而未加外保温时裸屋顶混凝土屋面板直接与室外空气接触，由于受室外空气对流换热和天空长波辐射的影响，屋顶外表面温度较低，甚至低于室外空气温度。因此在夜间，无保温层的钢筋混凝土屋面板有利于房间散热，室内空气温度较低。但在白天，裸屋顶实验箱的屋顶保温层起到了很好的隔热效果，裸屋顶室内空气温度与无保温层相比明显降低。

由于土壤的蓄热能力较强，绿化屋顶各测点的峰值延迟时间大于裸屋顶，且绿化屋顶

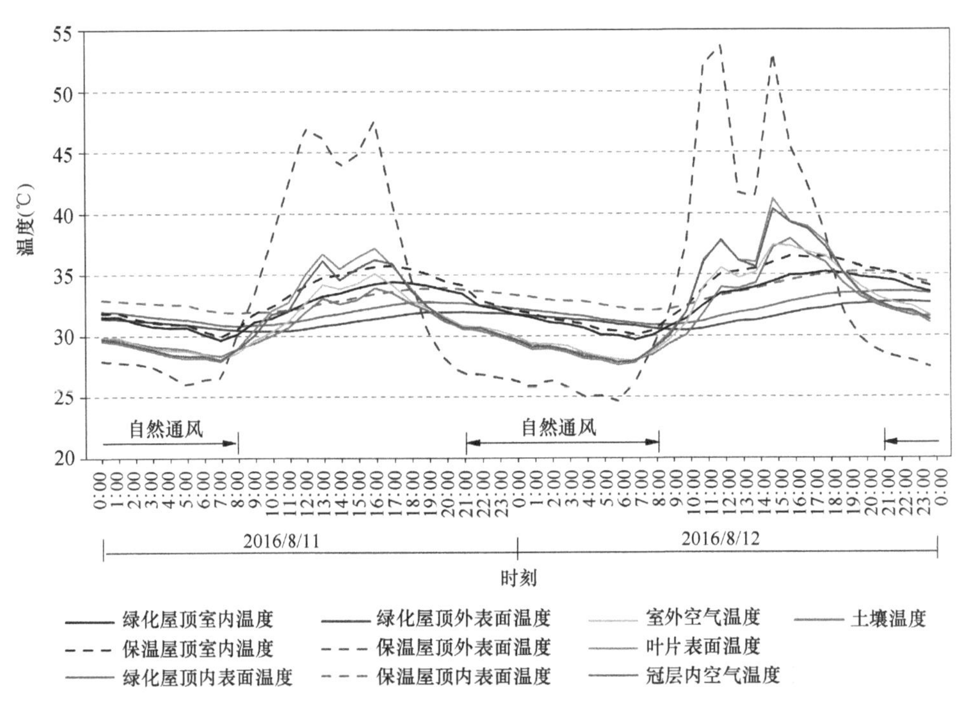

图 2.23　自然通风工况下绿化屋顶与裸屋顶各测点温度分布（2016 年 8 月 11 日～12 日）

的屋面板外表面温度在全天始终低于 33℃，绿化屋顶与裸屋顶屋面板外表面最大温差达 21℃。相较于裸屋顶，绿化屋顶实验箱的室内温度有显著降低，在关闭通风口的 8：00～21：00 期间，室内最大温差达 5℃，平均温差达 2.5℃。当 21：00 开启通风口进行夜间自然通风后，2 个实验箱的室内空气温度均开始降低，23：00 左右 2 个实验箱室内温度趋于一致，在 4：00～10：00 裸屋顶室内温度略低于绿化屋顶，最大温差小于 1℃。

对于绿化屋顶各测点而言，在 8：00～21：00 关闭通风口期间，屋面板外表面温度最低，各测点温度从低到高依次为：绿化屋顶屋面板外表面温度＜绿化屋顶屋面板内表面温度＜绿化屋顶室内空气温度＜叶片表面温度＜室外空气温度。这表明在白天，绿化屋顶植物种植盘下温度最低，绿化植物及土壤起到了冷却室内空气及植物周围空气的作用。在夜间 21：00 开启自然通风后，室外空气温度最低，室内空气温度随着室外空气的引入而逐渐降低。在 2：00 后，各测点温度从低到高依次为：叶片表面温度＜冠层空气温度＜室外空气温度＜绿化屋顶室内空气温度＜绿化屋顶屋面板外表面温度＜绿化屋顶屋面板内表面温度。此时由室外空气冷却室内空气及屋顶内表面。从图 2.23 还可以看出，叶片温度在白天略高于室外空气温度，在夜间略低于室外空气温度，这主要是由于叶片除了与室外空气进行对流换热以外，在白天还要吸收太阳辐射，导致叶片温度高于室外空气温度；而在夜间，由于叶片与天空所进行的长波辐射，导致其表面温度略低于室外空气温度。此外，由图 2.23 可知，在未开启夜间通风时，绿化屋顶屋面板外表面温度始终低于内表面温度，随着夜间自然通风的开启，室内空气温度在 2：00 后低于屋面板内外表面温度，此时夜间通风的降温效果占主导作用。

2）热流

本实验测量了流过2个实验箱屋面板内表面的单位面积热流量，选取2016年8月11日的热流数据进行分析，如图2.24及表2.10所示。

夜间自然通风工况下绿化屋顶及裸屋顶内表面吸放热对比（2016年8月11日）　　表2.10

	放热量（W/m²）	吸热量（W/m²）	放吸热比	放热时间		吸热时间	
				时间段	小时数（h）	时间段	小时数（h）
绿化屋顶	33.4	129.6	0.28	0:00～8:00	8	8:00～23:00	15
	2.7			23:00～24:00	1		
	36.1(合计)				9(合计)		
裸屋顶	70.4	103.8	0.83	0:00～9:00	9	9:00～21:00	12
	15.7			21:00～24:00	3		
	86.1(合计)				12(合计)		

注：表中吸热量、放热量均指屋顶内表面所得到或失去的热量。

绿化屋顶内表面热流在一天24h内的传热过程分为三个阶段：

（1）放热（蓄冷）阶段：0:00～8:30（8.5h）。

（2）吸热（蓄热）阶段：8:30～23:00（14.5h）。

（3）放热（蓄冷）阶段：23:00～24:00（1h）。

裸屋顶内表面热流在一天24h内的传热过程也分为三个阶段。

（1）放热（蓄冷）阶段：0:00～9:30（9.5h）。

（2）吸热（蓄热）阶段：9:30～21:00（11.5h）。

（3）放热（蓄冷）阶段：21:00～24:00（3h）。

从图2.24及表2.10可以看出，绿化屋顶内表面在8:30～22:00的13.5h都吸收来自室内的热量（蓄热），在0:00～8:30和22:00～24:00为放热时段（蓄冷）。而裸屋顶内表面得热时段为9:30～21:00（11.5h），放热时段为0:00～9:30以及21:00～24:00。可见裸屋顶相比绿化屋顶多出2h的放热（蓄冷）时间。这主要是由于裸屋顶内表面温度全天始终高于绿化屋顶，平均温差1.3℃，最大温差1.8℃，最小温差1℃。在开启夜间通风前，裸屋顶内表面温度为34.0℃，室内温度为34.5℃；绿化屋顶内表面温度为32.7℃，室内温度为33.8℃。因此，裸屋顶室内温度只需要降低0.5℃便可低于屋顶内表面温度，继而屋顶内表面开始蓄冷，而绿化屋顶则需要降低1.1℃，屋顶内表面才开始蓄冷，因此从图2.24可以看出绿化屋顶开始蓄冷的时间比裸屋顶晚1.5h。在8:00关闭通风时，绿化屋顶内表面温度为31.0℃，裸屋顶内表面温度为32.1℃，两者相差1.1℃，当屋顶内表面温度低于室内温度时屋顶内表面开始蓄热，裸屋顶内表面温度需要更多的时间降低到低于室内空气温度，因此其蓄冷时间比绿化屋顶延长了0.5h。此外，由于裸屋顶内表面温度高于绿化屋顶，其与室内空气温差大于绿化屋顶，因此其蓄冷量也更大。由此可以得出，要使得屋顶内表面蓄存更多的冷量，就要设法增大屋顶内表面与室内空气温差：可通过增大夜间通风量和合理组织气流来实现。从夜间通风蓄冷量来说，裸屋顶内表面的蓄冷量是绿化屋顶高2.4倍，但在白天裸屋顶内表面吸收室内热量的能力较绿化屋顶弱，并且得热量和放热量相互抵消后的部分得热量蓄存在了屋面板内，使得裸屋顶实验箱的室内空气温度较绿化屋顶高。而绿化屋顶虽然蓄热量较多，在得热量和放热量抵消后的

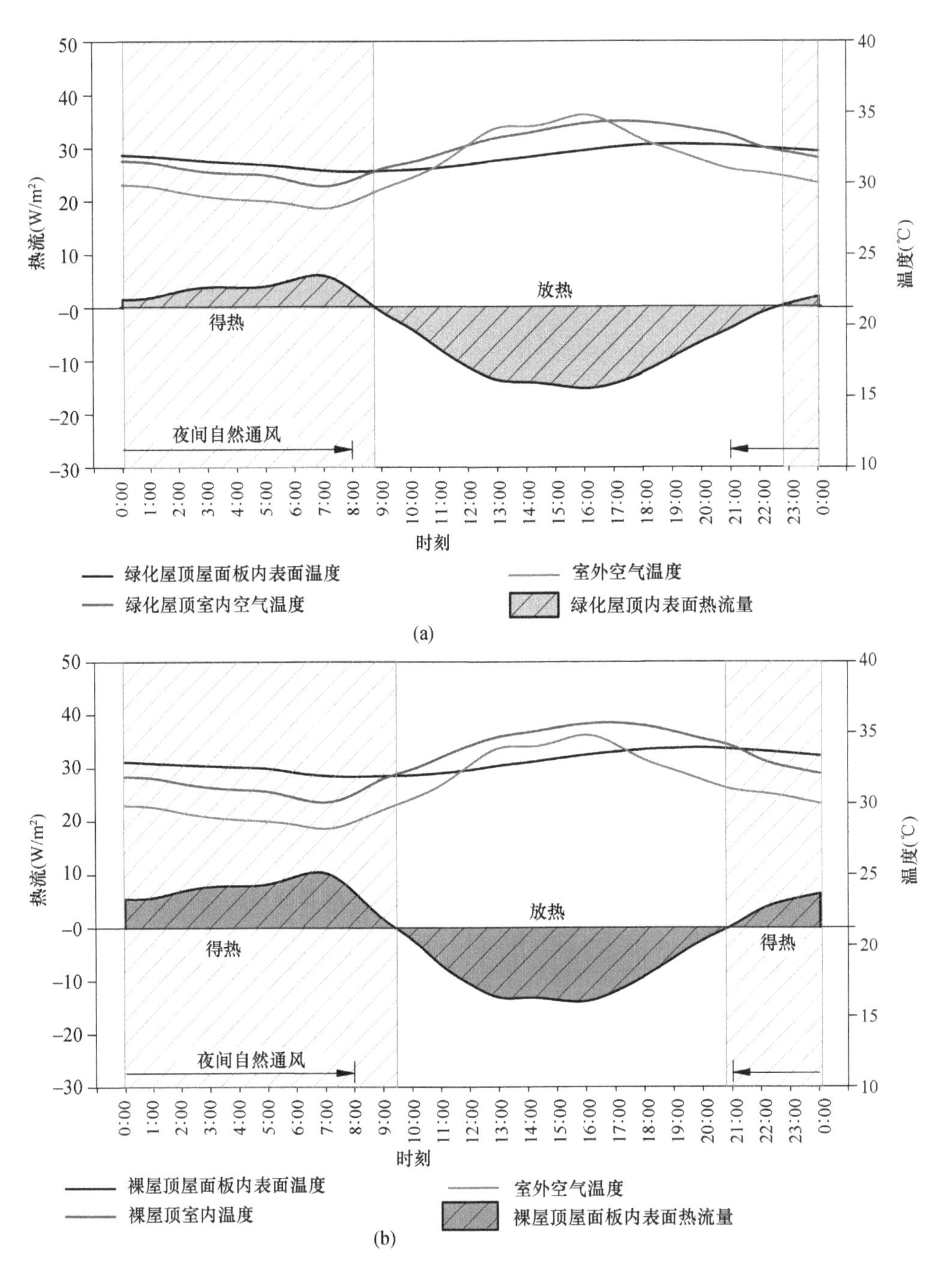

图 2.24　夜间自然通风工况下绿化屋顶及裸屋顶热流量对比（2016 年 8 月 11 日）

（a）绿化屋顶；（b）裸屋顶

这部分得热量通过土壤和植物的蒸发，使得屋顶内表面温度仍维持在一个较低且稳定的水平，因此全天的室内温度较裸屋顶低。

由表 2.10 还可以得出，裸屋顶通过屋顶内表面的放热和得热量非常接近，两者之比为 0.83；而绿化屋顶的放热量远小于得热量，两者之比为 0.28。可见，保温裸屋顶得热量和放热量基本平衡（室内—混凝土屋面板—保温层—室外间的热交换），而绿化屋顶室内大部分得热量传递到屋面板后是通过土壤和植物蒸腾蒸发作用消散到室外空气中去的（室内—混凝土屋面板—模块式绿化植物—室外）。并且，绿化屋顶在白天可阻挡大部分太阳辐射，同时植物及土壤的蒸腾蒸发降温作用进一步降低了屋面板的温度，显著减少热量进入室内，使屋面板的温度维持在一个较为稳定的状态（内表面全天温差仅 2.8℃）。而夜间通风又使得低于屋顶内表面温度的室外空气进入室内，虽然改变了屋面板内表面的传热方向，显示为房间得热，但使室内空气温度降低，并将冷量储存在屋面板及墙体内，待到次日白天抵消部分太阳辐射及空气对流、导热带来的热量，更有利于改善室内热环境。

与此相反，裸屋顶虽然采用了聚苯乙烯泡沫板作为外保温层，由于太阳辐射的直接照射使得白天裸屋顶外表面温度高达 47℃，在 8：00～21：00 裸屋顶内表面比绿化屋顶内表面平均温度高 1.3℃，这也使得裸屋顶在白天吸收了相当多的热量，即使引入了夜间通风且蓄冷量大于绿化屋顶蓄冷量，也不能有效地缓解由此带来的室内过热现象。

从全天来看，绿化屋顶的混凝土屋面板始终作为一个蓄冷体：白天屋面板外表面吸收了来自植物及土壤蒸发散热后的冷量，通过屋顶内表面释放到室内；夜间屋顶内表面吸收由夜间通风带来的室外空气的冷量，蓄存在屋面板内在白天用以抵消太阳辐射热。而裸屋顶混凝土屋面板在白天则是一个蓄热体，其外表面吸收室外太阳辐射热及与空气的对流换热，内表面吸收室内空气的热量，在夜间作为蓄冷体吸收室外空气的冷量。

与 2015 年夏季采用落地生根植物在夜间自然工况情况下相比较，实验开始前均有大量降雨，土壤含水率趋于饱和，太阳辐射、室外温湿度、室外风速也非常接近（图 2.7 及图 2.20）。采用德国景天为实验对象的绿化屋顶的吸放热时段基本相同，放热时间比采用落地生根多 1h（23：00～24：00）。而裸屋顶加外保温层后放热时间从 15：30～24：00 缩短为 21：00～24：00，而吸热时间由 6：30～15：30 延长为 9：00～21：00，有效地将下午的室内温度峰值由 16：00 延迟到 18：00，且室内及屋顶内表面温度曲线相比无保温层时也趋于平缓。可见保温层在很大程度上阻隔了白天太阳辐射对实验箱屋顶混凝土屋面板直接照射造成的室内空气升温。但采用德国景天的绿化屋顶吸热时间仍比加保温层的裸屋顶实验箱多 3h，绿化屋顶内表面全天放热量为 36.1W/m^2，而裸屋顶全天放热为 86.1W/m^2，绿化屋顶放吸热比 0.28，裸屋顶放吸热比 0.83，说明绿化屋顶隔热效果优于高度保温的裸屋顶。

如表 2.11 所示，对比 2015 年与 2016 年夏季自然通风工况下采用落地生根和德国景天为绿化植物，以及裸屋顶有无保温层时的室内外温差可知，落地生根在白天的降温效果略优于德国景天，落地生根白天室内外温差为－0.5℃，德国景天为 0℃；裸屋顶加保温层后白天室内比室外高 1.1℃，无保温层时白天室内比室外高 2.0℃。因此保温层在白天可有效隔热，但在夜间保温层阻止热量向室外散发，裸屋顶无保温层实验箱夜间室内外温差比有保温层实验箱低 0.5℃。

2015 年及 2016 年实验自然通风工况室内外温差对比　　表 2.11

	2015 年实验		2016 年实验	
	落地生根	裸屋顶无保温层	德国景天	裸屋顶外保温层
白天 Δt_{in-out}（℃）	−0.5	2.0	0	1.1
夜间 Δt_{in-out}（℃）	1.6	1.6	1.7	2.1

2. 裸屋顶有保温层夜间机械通风

夜间自然通风工况选择了6个连续晴天（2016年8月13日～18日）的实验数据进行分析。绿化植物选用德国景天，种植盘直接放置在钢筋混凝土屋面板上，对比实验箱的屋顶在相同材质、相同厚度的钢筋混凝土屋面板上铺设了10mm厚的聚苯乙烯泡沫板作为外保温层。2个实验箱均需关闭南墙上部通风口，开启南墙下部通风扇以及北墙上部通风口在21:00～8:00进行夜间机械通风，2个实验箱平均换气次数在2016年8月13日～14日为12次/h，2016年8月15日～16日为20次/h，2016年8月17日～18日为25次/h。室外天气情况如图2.25所示。最大太阳辐射为869.4W/m²；室外温度最高41.6℃，最低28.3℃，昼夜温差达13.3℃；室外空气相对湿度33.7%～82.9%；室外平均风速0.4m/s，最

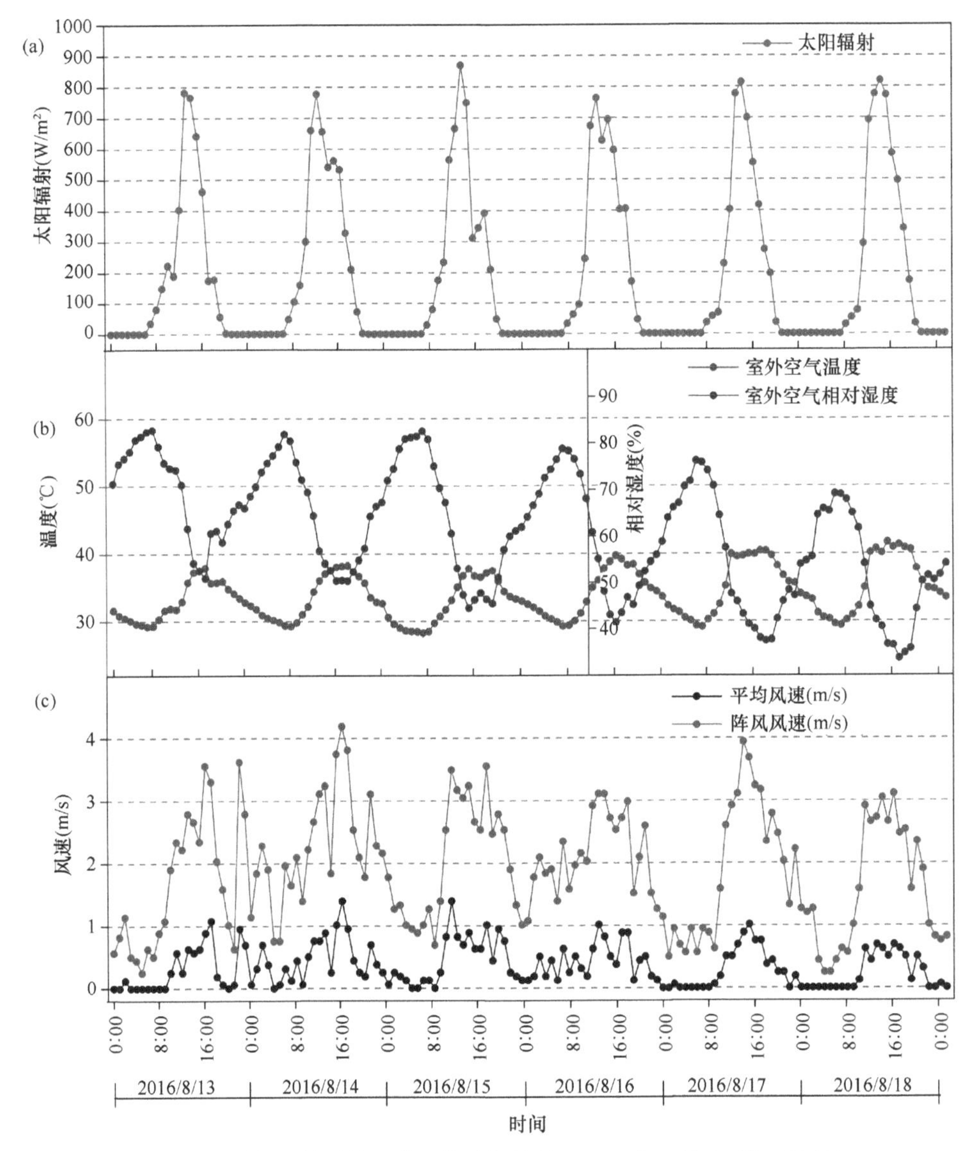

图2-25 夜间机械通风工况室外天气情况（2016年8月13日～18日）

（a）太阳辐射；（b）室外空气温湿度；（c）室外平均风速及最大阵风风速

大风速4.2m/s。由于2016年8月7日～8日为阴雨天气，土壤含水率较高，2016年8月11日～14日（自然通风及机械通风1挡12次/h期间）均未进行灌溉，土壤含水量由0.13m^3/m^3降低至0.04m^3/m^3，因此2016年8月15日～18日实验期间开始进行人工灌溉，灌溉时间为每天8：30～9：00。图2.26为2016年8月13日～18日土壤含水量曲线图，由该图可知，种植基盘内土壤每天由于蒸发散失的含水量约为0.08m^3/m^3，土壤饱和状态的含水量为0.22m^3/m^3。对2016年8月17日～18日的实验数据进行处理后，可得德国景天叶片冠层吸收率、反射率及透射率分别为0.52、0.18、0.30，如图2.27所示，即只有30%的太阳辐射可以通过冠层照射到土壤表面。与夜间自然通风工况（2016年8月11日～12日）时的叶片透射率相比，植物经过一周的生长，透射率从0.37降低到0.30。

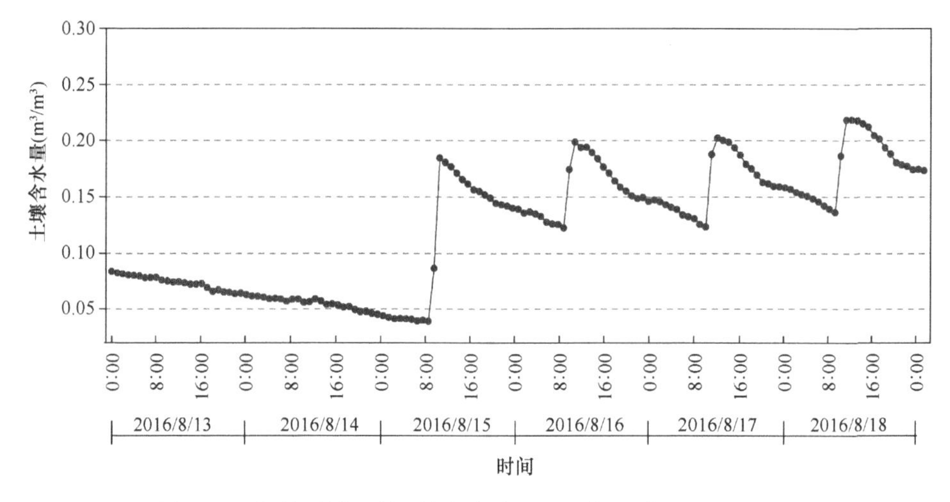

图2.26 机械通风工况土壤含水量（2016年8月13日～18日）

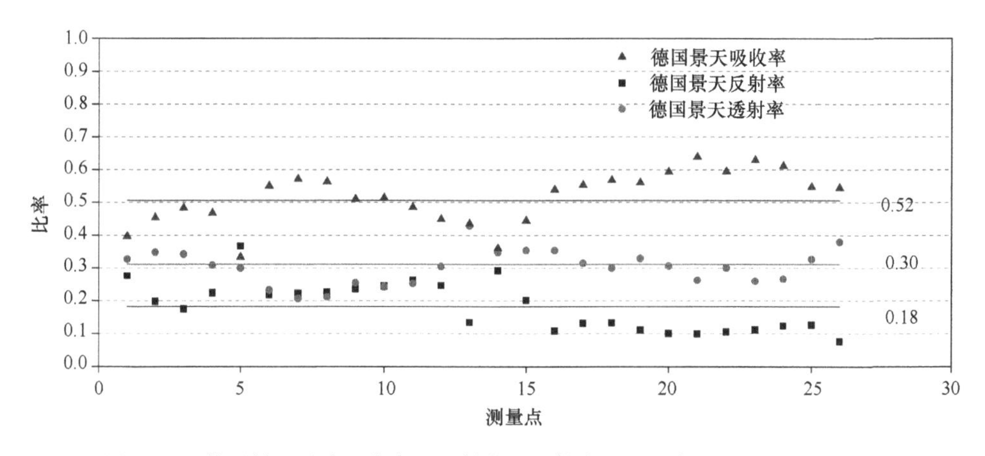

图2.27 德国景天叶片吸收率、反射率及透射率（2016年8月17日～18日）

1）温度分布

图2.28为2016年8月13日～18日实验期内机械通风平均换气次数依次为12次/h、20次/h、25次/h时各测点的温度曲线图。机械通风工况下2个实验箱的温度变化趋势

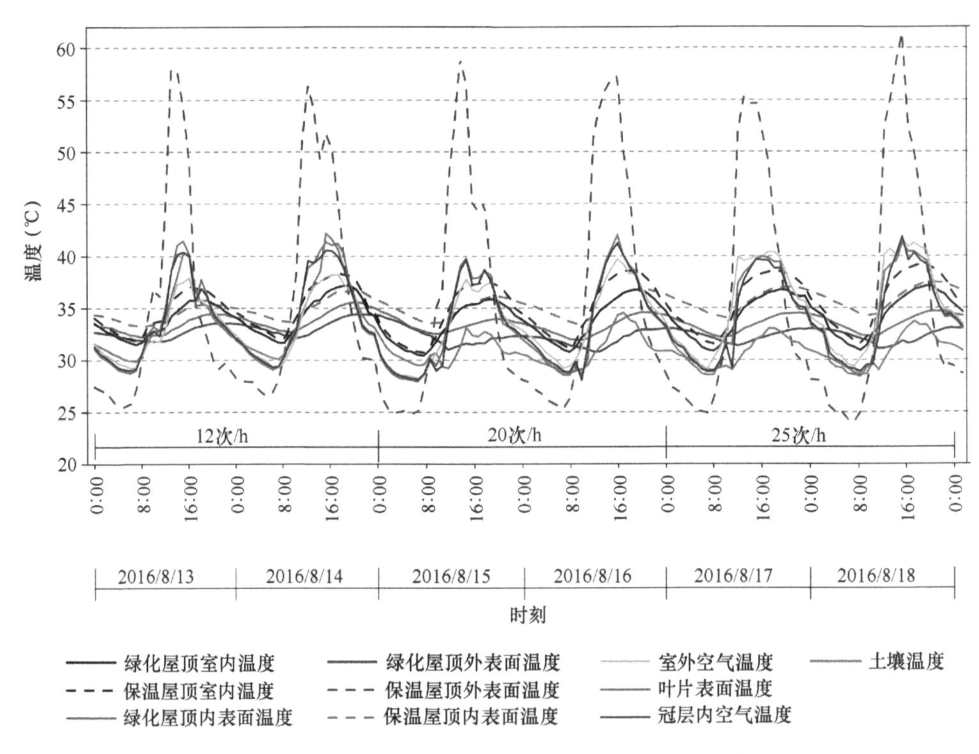

图 2.28　机械通风工况下绿化屋顶与裸屋顶各测点温度分布（2016 年 8 月 13 日～18 日）

与自然通风工况相似，不同的是机械通风在改变换气次数后，室内的空气混合程度会发生变化，屋顶结构层的蓄冷程度也有所不同，且在换气次数 12 次/h 的 2 天内未进行灌溉，换气次数为 20 次/h、25 次/h 的 4 天内每天 8：00～9：00 进行人工灌溉，因此本节重点分析换气次数及土壤含水量的变化对室内热环境的影响。

由表 2.12 可知，夜间通风对绿化屋顶和有保温层的裸屋顶房间都起到了降低室内温度的作用，绿化屋顶实验箱的降温效果更为明显。这主要是由于绿化屋顶显著的隔热降温功能，使得屋顶外表面一直处于一个较低的温度水平，当室外低温空气被引入室内后，大部分冷量被蓄存在混凝土屋面板内。而有保温层的裸屋顶由于白天吸收了大量的太阳辐射热，使得屋顶外表面温度陡增，最高温度可达 61℃，这部分热量在夜间向室内递传，因此有保温层的房间室内温度偏高，当夜间引入室外低温空气后，相当部分冷量用于抵消室内及围护结构的热量。

机械通风换气次数对室内外温差的影响　　**表 2.12**

换气次数（次/h）	夜间（21：00～8：00）		白天（8：00～21：00）	
	绿化屋顶 $\Delta t_{in\text{-}out}$（℃）	保温裸屋顶 $\Delta t_{in\text{-}out}$（℃）	绿化屋顶 $\Delta t_{in\text{-}out}$（℃）	保温裸屋顶 $\Delta t_{in\text{-}out}$（℃）
12	2.0	2.4	−0.5	0.7
20	1.5	2.1	−1.2	0.6
25	1.1	2.0	−3.5	−1.5

注：负号表示室内温度小于室外温度。

在白天，绿化屋顶室内温度低于室外温度，且随着换气次数的增加室内外温差增大。而裸屋顶在换气次数为 12 次/h 和 20 次/h 时，室内温度高于室外温度，随着换气次数的增加室内外温差逐渐缩小。当换气次数为 25 次/h 时，2 个实验箱全天室内最大温差 2.5℃，平均温差 1.4℃；保温裸屋顶房间白天关闭通风时段室内平均温度低于室外温度，室内外温差为 1.5℃，而此时绿化屋顶室内外温差为 3.5℃；夜间通风时段绿化屋顶室内外温差 1.1℃，裸屋顶室内外温差 2.0℃。说明在相同的通风量下，绿化屋顶的隔热降温效果不仅体现在白天太阳辐射强的时段，在开始夜间通风后，其降温效果仍然持续影响绿化屋顶实验箱的室内温度，使其始终低于裸屋顶。

此外，土壤含水量对绿化屋顶热工性能的影响显著，由图 2.28 可以看出，在 2016 年 8 月 13 日～14 日未进行灌溉期间，土壤含水量急剧下降，而土壤温度则迅速上升，在 2016 年 8 月 14 日甚至高于室外空气温度和叶片表面温度，最高达 42℃。此时屋顶内外表面及室内空气温度均高于 2016 年 8 月 13 日。2016 年 8 月 15 日～18 日进行人工灌溉后，土壤温度有效降低，2016 年 8 月 13 日～18 日土壤与室外空气温度的平均温差分别为 0.4℃、0.9℃、−1.8℃、−3.1℃、−4.3℃、−4.4℃。可见，当未灌溉时土壤温度高于室外空气温度，而进行灌溉后，土壤温度低于空气温度，且温差逐渐增大。连续灌溉 3 天后，土壤含水量基本饱和，因此，2016 年 8 月 17 日和 2016 年 8 月 18 日土壤与室外空气温度的差值非常接近。

比较绿化屋顶和裸屋顶实验箱室内空气温度，发现随着土壤含水量和通风量的增加，2 个实验箱室内空气温差在白天和夜间均随之增大（表 2.13），说明土壤含水量对绿化屋顶在白天和夜晚的降温都有积极作用。这与 2015 年实验时不同。2015 年实验土壤水分供给均是依靠降雨，随着植物蒸腾作用和土壤自身的蒸发，土壤含水量逐渐减少，绿化屋顶的降温能力减弱。由于裸屋顶无保温层，室外冷空气对屋顶内外表面同时进行降温，且裸屋顶外表面散热迅速，夜间通风时段 2 个实验箱温差随通风量的增加而减小。由于裸屋顶增加了外保温层，其屋顶外表面吸热蓄热能力远大于混凝土屋面板。保温层白天吸收太阳辐射后将热量储存，在夜晚向室内外散发，随着换气次数的增大，对流换热增强，加剧了裸屋顶内表面的热量向室内的传递，使室内空气温度升高。因此即便增大换气次数，有保温层的裸屋顶降温效果与绿化屋顶相比仍然较差。对于绿化屋顶，增加土壤含水量和换气次数，使得屋顶内外表面温度降低，从而使室内温度随之降低。因此，结合夜间通风并增大换气次数对实验箱降温产生了积极的作用。

机械通风工况裸屋顶与绿化屋顶室内空气温差对比（2016 年 8 月 13 日～18 日）　表 2.13

换气次数（次/h）	平均含水量（m^3/m^3）	平均温差（℃）		
		全天（0:00～24:00）	白天（8:00～21:00）	夜晚（21:00～8:00）
12	0.07	0.7	1.0	0.4
12	0.05	0.9	1.2	0.4
20	0.11	1.0	1.5	0.4
20	0.16	1.2	1.8	0.5
25	0.16	1.3	1.8	0.7
25	0.18	1.4	2.1	0.8

2）热流

图2.29及表2.14为机械通风工况下绿化屋顶和有保温层的裸屋顶内表面热流对比。从中可以看出在未进行灌溉的2016年8月14日～15日，绿化屋顶内表面温度在白天高于前一天的温度，导致绿化屋顶内表面与室内温差增大，放热量从44.9W/m^{2}增大到92.9W/m^2，说明随着土壤含水量的降低，植物的蒸发降温能力大为降低，使得绿化屋顶内表面温度升高。在夜间开启机械通风后，绿化屋顶内表面与室内温差增大，放热量随之增大。当2016年8月15日进行灌溉后，绿化屋顶放热量明显减小，并维持在25.1～

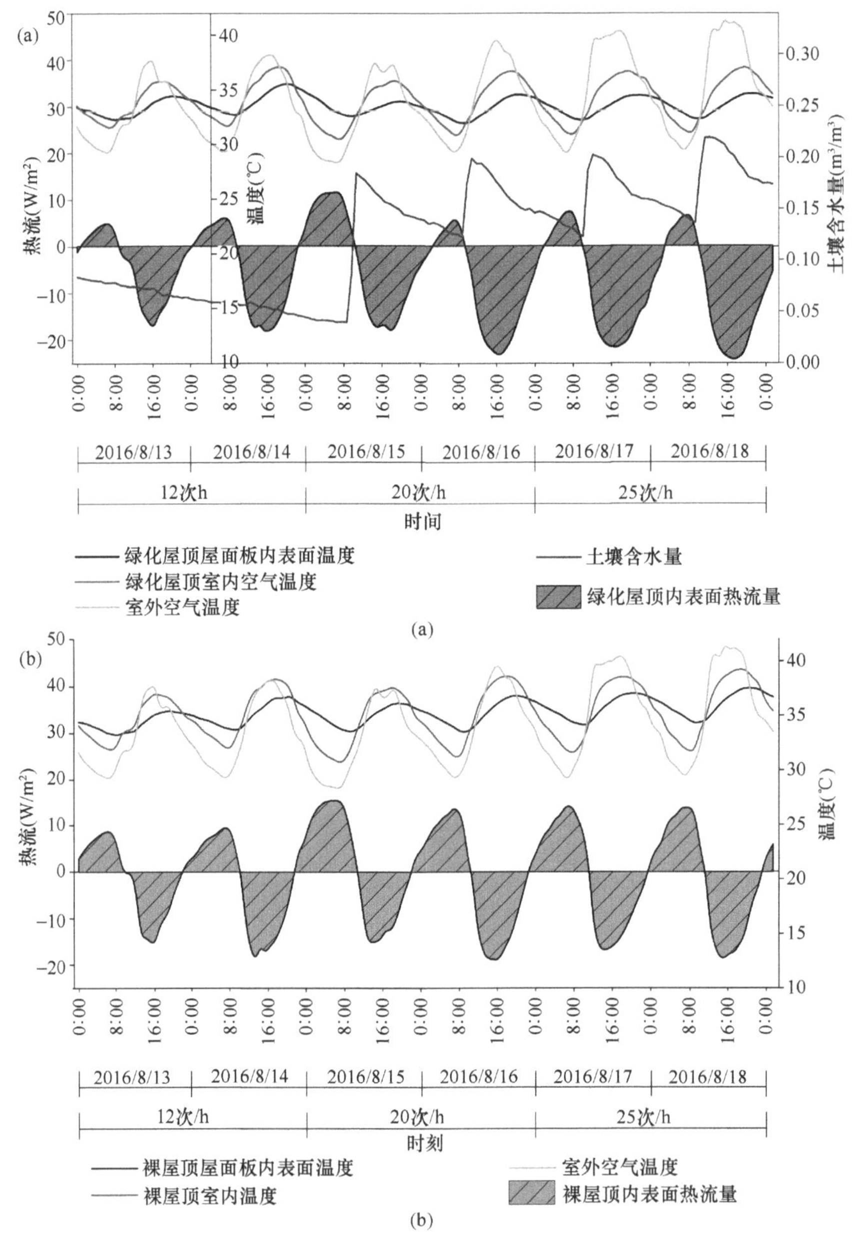

图2.29　夜间机械通风工况下绿化屋顶及裸屋顶热流量对比（2016年8月13日～18日）

（a）换气次数为12次/h、20次/h、25次/h时绿化屋顶；（b）换气次数为12次/h、20次/h、25次/h时裸屋顶

32.9W/m²，而吸热量维持在226.1～235.2W/m²。从表2.14中绿化屋顶的放吸热比也可以看出，未灌溉时放吸热比从0.20升高到0.53，进行灌溉后放吸热比维持在0.11～0.16。说明保持绿化屋顶土壤充足的水分有利于白天隔热降温，虽然在夜间会削弱夜间通风时绿化屋顶内表面的蓄冷能力，但从全天来看对室内降温是有利的。对于裸屋顶，放吸热量主要受室外温度、太阳辐射的影响，屋顶内表面放吸热比0.65～1.24，可见裸屋顶吸热与放热基本平衡，且吸热小时数与放热小时数也几乎相等。

夜间机械通风工况下绿化屋顶及裸屋顶内表面吸放热对比
（2016年8月13日～18日） **表2.14**

	换气次数（次/h）	放热量（W/m²）	吸热量（W/m²）	放吸热比	放热时间		吸热时间	
					时间段	小时数（h）	时间段	小时数（h）
绿化屋顶	12	26.6	131.9	0.20	1:00～8:00	7	0:00～1:00 8:00～24:00	17
	12	44.9	163.8	0.27	1:00～8:00 22:00～24:00	10	0:00～1:00 9:00～22:00	14
	20	92.9	174.3	0.53	0:00～9:00	9	9:00～24:00	15
	20	25.1	235.2	0.11	2:00～8:00	6	0:00～2:00 8:00～22:00	18
	25	37.2	239.8	0.16	1:00～8:00	7	0:00～1:00 8:00～24:00	17
	25	32.9	226.1	0.12	2:00～8:00	6	0:00～2:00 8:00～22:00	18
裸屋顶	12	64.9	99.6	0.65	0:00～9:00 21:00～24:00	12	9:00～21:00	12
	12	86.1	144.2	0.60	0:00～9:00 22:00～24:00	11	9:00～22:00	13
	20	142.5	115.0	1.24	0:00～10:00 21:00～24:00	13	10:30～21:00	11
	20	109.7	153.1	0.72	0:00～9:00 21:00～24:00	12	9:00～21:00	12
	25	115.4	137.8	0.84	0:00～10:00 22:00～24:00	12	10:00～22:00	12
	25	112.6	149.2	0.75	0:00～10:00 21:00～24:00	13	10:30～21:00	11

注：表中吸热量、放热量均指屋顶内表面所得到或失去的热量。

3. 裸屋顶有保温层全封闭

为了研究夜间通风的效果，本实验测量了2个实验箱全封闭工况的热工参数。实验选择在3个连续晴天（2016年10月1日～4日）进行，并将2016年10月2日～3日的实验数据作为分析对象。绿化植物选用德国景天，种植盘直接放置在钢筋混凝土屋面板上，对比实验箱的屋顶在相同材质、相同厚度的钢筋混凝土屋面板上铺设了 10mm 厚的聚乙烯泡沫板作为外保温层。2 个实验箱均关闭南北墙上部通风口以及通风扇。室外天气情况如图 2.30 所示。最大太阳辐射为 662.9W/m²；室外温度最高 34.4℃，最低 22.3℃，昼夜温差达 12.1℃；室外空气相对湿度 44.1%～95.6%；室外平均风速 0.1m/s，最大风速 2.5m/s。可见，虽然已进入 10 月，太阳辐射和气温依然较高，且夜晚空气温度较低，更有利于夜间通风。在 2016 年 10 月 1 日和 3 日 20：30～21：00 进行人工灌溉。图 2.31 为 2016 年 8 月 13 日～18 日土壤含水量曲线图。由该图可知，种植基盘内土壤饱和状态的含

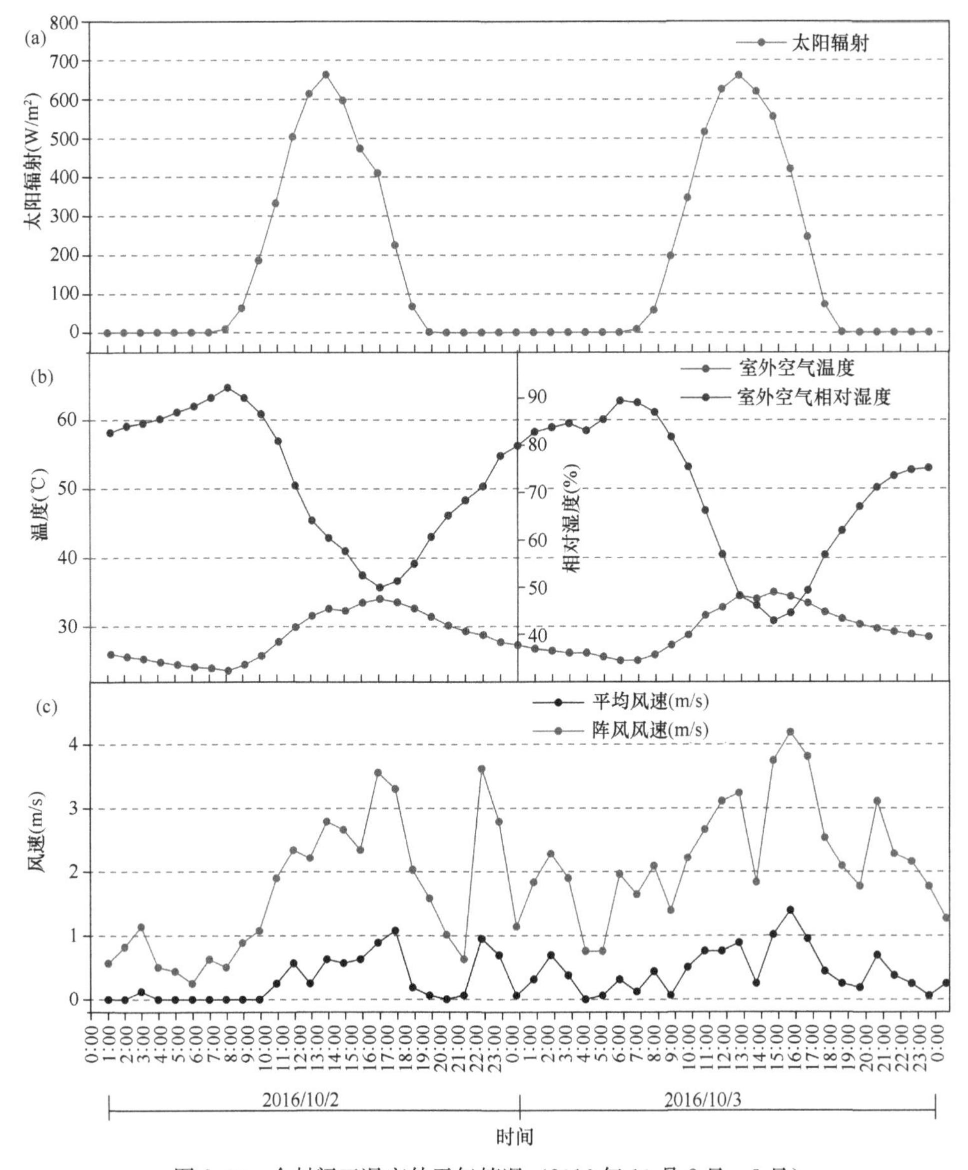

图 2.30 全封闭工况室外天气情况（2016 年 10 月 2 日～3 日）

（a）太阳辐射；（b）室外空气温湿度；（c）室外平均风速及最大阵风风速

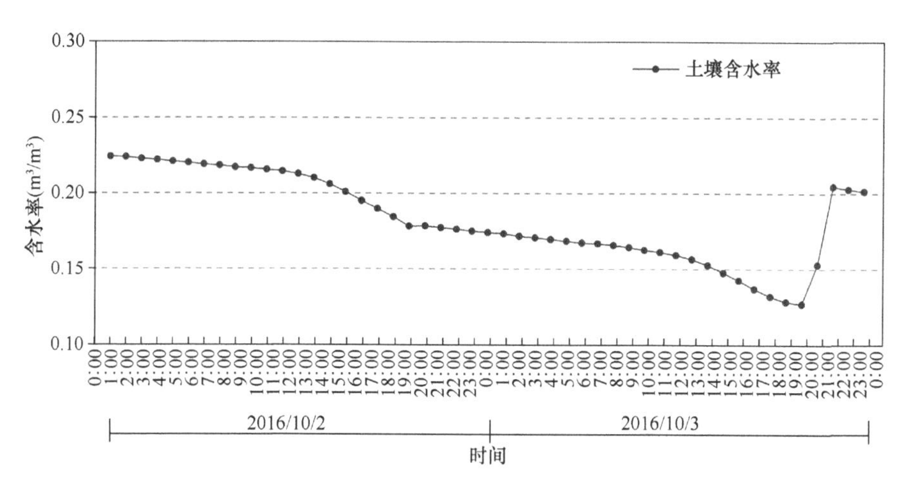

图 2.31 全封闭工况土壤含水率（2016 年 10 月 2 日～3 日）

水量为 0.22 m³/m³，土壤每天由于蒸发散发的含水量约为 0.05m³/m³，相比 8 月有所降低，这主要是由于太阳辐射和温度的降低，导致植物蒸发水分减少。对 2016 年 10 月 2 日～3 日的实验数据进行处理后，可得德国景天叶片冠层吸收率、反射率及透射率分别为 0.74、0.17、0.20（图 2.32），即只有 20%的太阳辐射可以通过冠层照射到土壤表面。

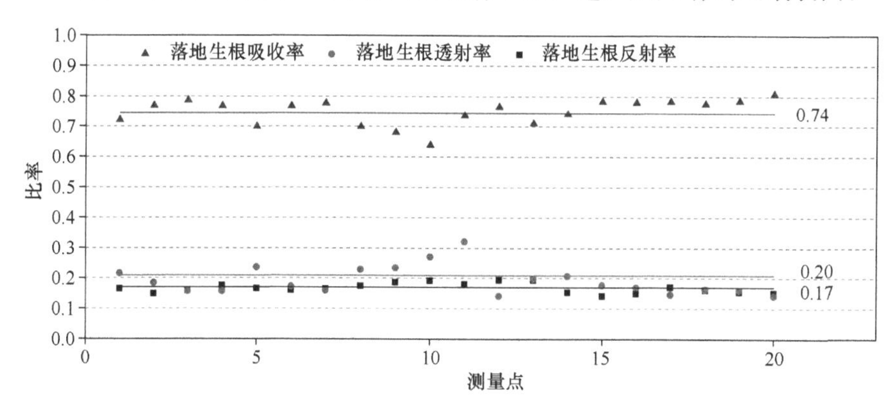

图 2.32 德国景天叶片吸收率、反射率及透射率（2016 年 10 月 2 日～3 日）

1）温度分布

图 2.33 为绿化屋顶与裸屋顶实验箱在全天无通风工况下各测点的温度分布情况。在各项测量数据中，裸屋顶外表面在白天的峰值温度最高，可达 58.6℃。对于绿化屋顶实验箱，在夜间叶片表面温度最低，各测点温度从低到高依次为：叶片表面温度≈冠层温度≈室外空气温度＜土壤温度＜绿化屋顶屋面板外表面温度＜绿化屋顶室内温度＜绿化屋顶屋面板内表面温度。由此可见，绿化屋顶屋面板外表面温度低于内表面以及室内温度，在夜间主要依靠屋面板外表面提供的冷量降低室内温度，即夜间绿化屋顶实验箱的冷源为植盘内温度较低的土壤。白天的降温情况与前两种工况相似。此外，在夜间土壤温度高于叶片及冠层温度，这主要是由于土壤的热惰性较强，散热能力不及叶片及冠层。

对于裸屋顶实验箱，在 2016 年 9 月 3 日 0：00～8：00 时间段内，裸屋顶外表面温度

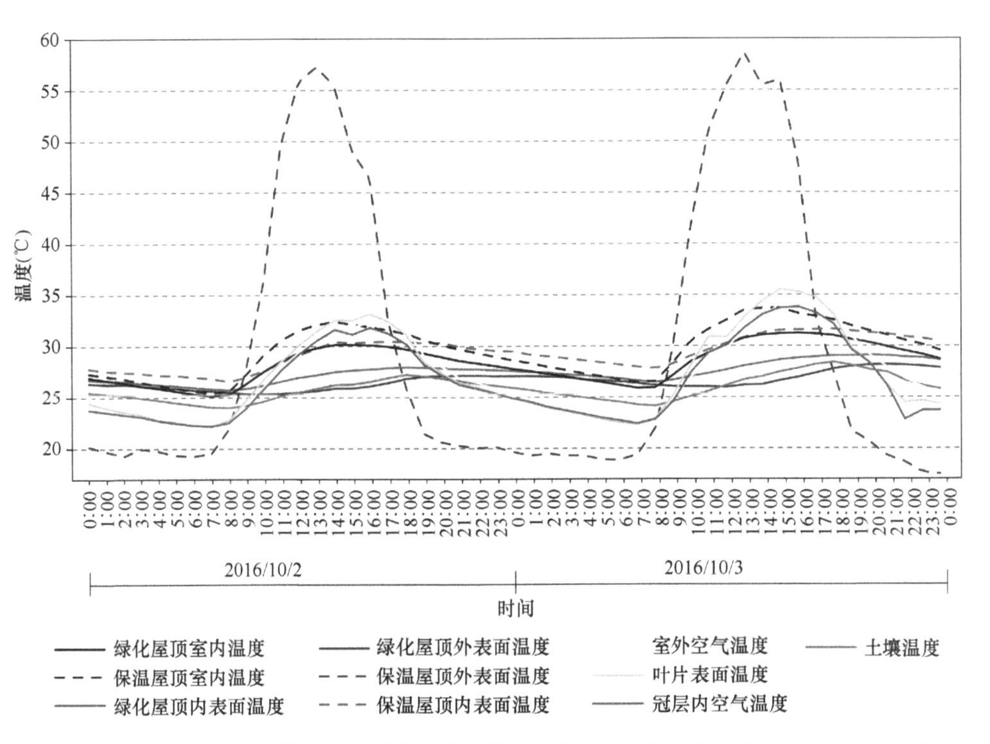

图 2.33　全天无通风工况下绿化屋顶与裸屋顶各测点温度分布（2016 年 10 月 2 日～3 日）

最低，各测点温度由低到高依次为：裸屋顶外表面温度＜室外空气温度＜裸屋顶室内空气温度＜裸屋顶内表面温度。8：00～12：00，各测点温度由低到高依次为：室外空气温度＜裸屋顶内表面温度＜室内空气温度＜裸屋顶外表面温度。12：00～17：00 各测点温度依次为：裸屋顶内表面温度＜室内空气温度＜室外空气温度＜裸屋顶外表面温度。可见，由于屋顶保温层的作用，在夜间组织了屋顶外表面的冷量传递到室内，但在白天可阻挡太阳辐射，从而降低了屋顶内表面温度及室内温度。这与屋顶无保温层的情况大为不同。

从而可知，在没有夜间通风的工况下，绿化屋顶实验箱主要靠绿化植物及土壤降低室内温度，而裸屋顶由于增加了外保温层，冷量不能通过混凝土屋面板传递到室内，屋顶内表面的温度反而高于室内温度。此时，在夜间裸屋顶仍然相当于热源增加了室内的热量。而在夜间当室外空气温度低于 2 个实验箱室内空气温度时，无法利用室外空气作为冷源降低实验箱温度，使得绿化屋顶实验箱室内空气温度在 21：00～8：00 高于室外空气温度 2.5℃（平均温差），裸屋顶实验箱室内温度高于室外温度 3.3℃（平均温差）。对比裸屋顶无保温层的实验数据可知，在夜间裸屋顶无保温层更有利于室内降温。

图 2.34 为绿化屋顶及裸屋顶实验箱室内空气温度、室外空气温度、屋面板内表面温度及热流在 2016 年 10 月 2 日的对比情况。从图中可以看出，在无夜间通风的情况下，0：00～8：00时间段内 2 个实验箱的室内温度与屋面板内表面温度几乎相等。屋顶内表面放热（蓄冷）较有夜间通风时小，裸屋顶内表面放热量（蓄冷量）仅为 1.8W/m^2，绿化屋顶内表面放热量为 14.0W/m^2；而在夜间通风工况下，当夜间通风开启后，室内温度会逐渐下降至低于屋面板内表面温度。

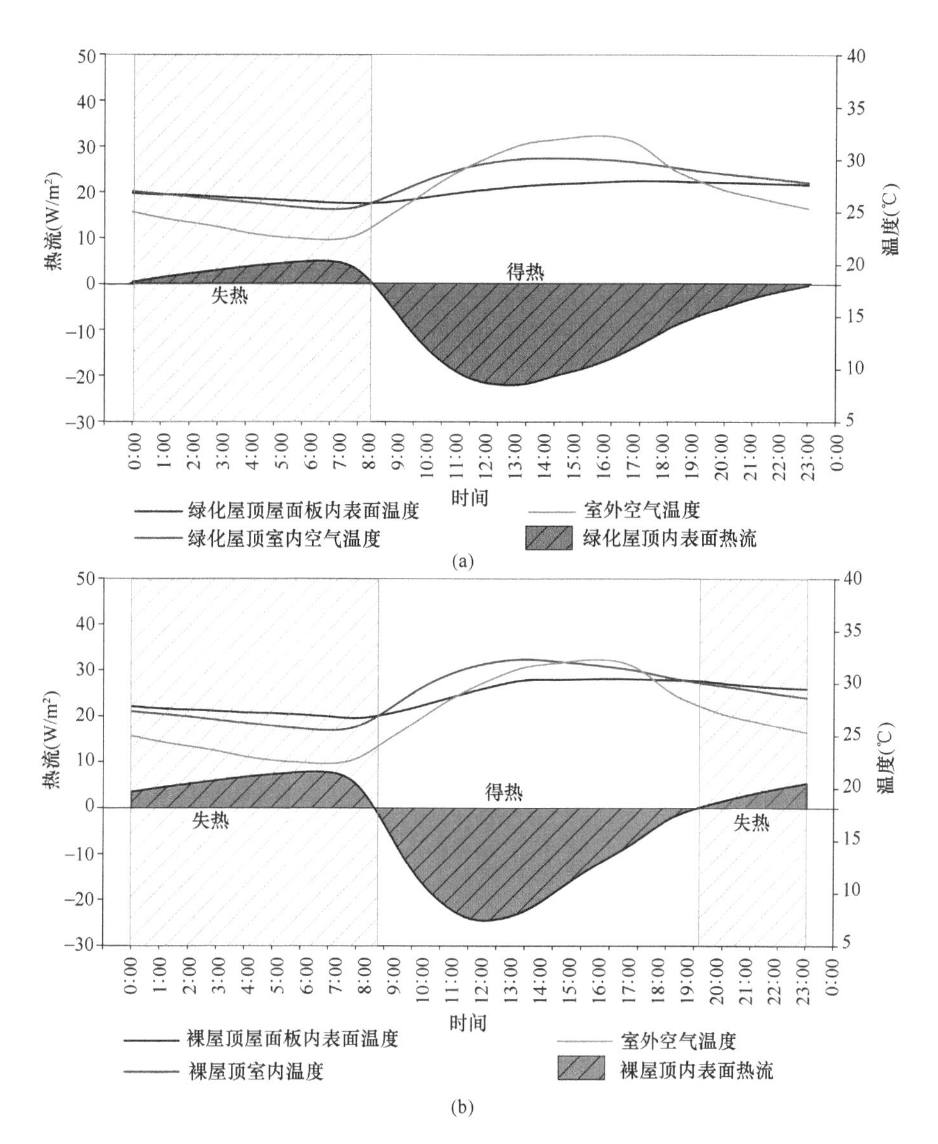

图 2.34 全天无通风工况下绿化屋顶及裸屋顶内表面热流对比（2016 年 10 月 2 日）
(a) 绿化屋顶；(b) 裸屋顶

2）热流

表 2.15 为绿化屋顶及裸屋顶在 2016 年 10 月 2 日全天无通风工况下的热流对比，可以看出 2 个实验箱屋顶内表面的换热量与夜间自然通风及夜间机械通风工况相比，2 个实验箱放热时长基本相同，主要差别在于绿化屋顶及裸屋顶 0：00～8：00 时段放热（蓄冷）量有所减少。由于绿化屋顶在白天有较好遮阳降温效果，且热稳定性强，使屋面板内表面温度维持在 25.8～26.8℃。此外，室内没有室外冷空气进入，屋面板内表面及室内温度主要受到屋面板外表面温度的影响，因此室内温度及屋面板内表面温度也较为稳定。而裸屋顶由于增加了外保温层，保温层在白天吸收了大量太阳辐射，在夜间这部分热量继续通过屋面板传递给室内，使得裸屋顶内表面温度高于绿化屋顶内表面温度。随着室外空气温度的降低，裸屋顶外表面温度急剧下降，部分冷量通过屋面板传递给室内，0：00～8：00

屋面板内表面温度由27.8℃降低到26.6℃。在0:00～8:00裸屋顶的放热（蓄冷）量大于绿化屋顶，在白天绿化屋顶的吸热（放冷）量大于裸屋顶。可见，全天封闭工况对裸屋顶的影响大于绿化屋顶。绿化屋顶种植盘将室外空气与屋面板隔离开，植物及土壤吸收的热量通过蒸腾蒸发作用消散于空气中，一直处于一个热量相对稳定的状态，而裸屋顶外表面昼夜温度波动大，且保温层白天吸收热量的消散能力远不及绿化屋顶，导致室内温度高于绿化屋顶。

全天无通风工况下绿化屋顶及裸屋顶内表面吸放热对比

（2016年10月2日） **表2.15**

	放热量（W/m²）	吸热量（W/m²）	放吸热比	放热时间		吸热时间	
				时间段	小时数（h）	时间段	小时数（h）
绿化屋顶	29.7	191.1	0.16	0:00～8:00	8	8:00～24:00	16
裸屋顶	55.6	149.0	0.47	0:00～8:00	8	8:00～21:00	13
	14.4			21:00～24:00	3		
	70(合计)				11(合计)		

注：表中吸热量、放热量均指屋顶内表面所得到或失去的热量。

表2.16为全天封闭、夜间自然通风、夜间机械通风（25次/h）三种工况下绿化屋顶及裸屋顶实验箱在夜间时段（21:00～8:00）室内外温差的对比。从表中可以看出，绿化屋顶实验箱三种工况下的室内外平均温差分别为2.6℃、1.4℃、1.1℃，因此采用夜间通风可显著降低夜间时段的室内温度，使之更接近夜间室外空气温度。此外，三种工况在夜间时段绿化屋顶实验箱的室内外温差均小于有保温层的裸屋顶，且在无夜间通风时，绿化屋顶实验箱室内外温差最大。说明绿化屋顶在夜间的隔热性能强于本实验所采用的保温层，有利于夏季白天隔热，但限制了夜间向室外散热。因此，对于有绿化屋顶的建筑，采用夜间通风技术可以弥补其在夜间不利于散热的不足。

全天封闭、夜间自然通风及夜间机械通风（25次/h）

工况下的夜间室内外温差对比 **表2.16**

		全天封闭	夜间自然通风	夜间机械通风（25次/h）
绿化屋顶	最大温差（℃）	3.0	2.1	1.9
	最小温差（℃）	1.9	1.1	0.2
	平均温差（℃）	2.6	1.7	1.2
裸屋顶	最大温差（℃）	3.3	2.2	2.6
	最小温差（℃）	2.3	1.8	0.9
	平均温差（℃）	3.0	2.0	2.1

2.3.3 相关性分析

本书采用2016年夏季以德国景天绿化屋顶为实验对象进行实验的数据，对影响绿化屋顶及裸屋顶传热的气候因素（太阳辐射、室外风速、室外空气温湿度、土壤含水量）与屋顶热工参数进行了相关性分析（表 2.17）。其中，T_f 为叶片表面温度，T_{af} 为冠层空气温度，T_s 为土壤温度，T_{es} 为屋顶外表面温度，T_{is} 为屋顶内表面温度，T_{in} 为室内空气温度，q_r 屋顶热流量。

从表 2.17 可以看出，太阳辐射与两屋顶各温度变量正相关，即随着太阳辐射的增强，各温度变量随之增大。其中，太阳辐射对叶片表面温度、冠层内空气温度、土壤温度、裸屋顶外表面温度及室内温度影响显著，对绿化屋顶室内温度影响较小，说明绿化屋顶有较好的遮阳隔热效果。此外，两屋顶内表面传热量随太阳辐射的增强均减小，表明绿化屋顶植物层和裸屋顶保温层对太阳辐射均有很好的阻挡和延迟作用，随着太阳辐射的增强，两屋顶均向室外散热。

夜间自然通风工况各环境要素对绿化屋顶及裸屋顶传热的相关性分析　　表 2.17

影响因素	绿化屋顶							裸屋顶			
	叶片温度 T_f	冠层温度 T_{af}	土壤温度 T_s	屋顶外表面温度 T_{es}	屋顶内表面温度 T_{is}	室内温度 T_{in}	绿化屋顶热流 q_r	屋顶外表面温度 T_{es}	屋顶内表面温度 T_{is}	室内温度 T_{in}	裸屋顶热流 q_r
太阳辐射	0.798	0.774	0.642	−0.351	−0.163	0.373	−0.737	0.981	−0.038	0.507	−0.798
室外风速（夜间）	−0.500	−0.511	−0.556	−0.465	−0.481	−0.533	0.533	−0.128	−0.499	−0.523	0.504
室外空气温度	0.974	0.982	0.984	0.395	0.574	0.908	−0.964	0.779	0.684	0.951	−0.949
室外空气相对湿度	−0.955	−0.966	−0.979	−0.403	−0.570	−0.879	0.930	−0.750	−0.693	−0.919	0.917
土壤含水量	−0.388	−0.419	−0.479	−0.603	−0.605	−0.540	−0.772	—	—	—	—

注：相关显著性水平 *Sig.* 为 0.01（2-tailed），相关系数为正表示正相关，相关系数为负表示负相关，—表示两变量不具相关性。

从表 2.17 还可以看出，夜间室外风速与两屋顶各温度变量负相关，与热流正相关。室外风速的增大，可增强屋顶内外表面的对流换热，导致植物层及屋顶内外表面、室内空气温度均降低，有利于夜间降温。同时，夜间通风也会增强屋顶的热交换，因此两屋顶内表面热流量均随风速的增加而增大。而室外空气温湿度与屋顶热工参数相关性最强，且室外温度与各温度变量呈正相关，与屋顶内表面热流量呈负相关。由于室外温度越大，相对湿度越低，因此室外空气相对湿度与各温度变量负相关，与屋顶热流量正相关。土壤含水量与绿化屋顶各温度变量负相关，与屋顶内表面热流量正相关。其中，土壤含水量与绿化屋顶内外表面温度及热流量的相关性较强，表明增加土壤含水量可在很大程度上降低屋顶内外表面温度，从而降低室内温度，并使得热量由室内流向室外。

表 2.18 为夜间自然通风工况下绿化屋顶降温隔热效果与气候因素的相关性分析。其中，ΔT_{es} 为 2 个实验箱屋顶外表面温差，ΔT_{is} 为 2 个实验箱屋顶内表面温差，ΔT_{in} 为 2 个实验箱室内空气温差，Δq_r 为 2 个实验箱屋顶内表面热流差。由于土壤含水量只与绿化屋顶各温度及热流变量具有相关性，因此未将其纳入该表。由表 2.18 可知，太阳辐射对绿化屋顶和裸屋顶外表面温差、室内温差及热流差的影响最为显著，其次是室外空气温湿度及室外风速。

夜间自然通风工况下气候因素对绿化屋顶降温效果的相关性分析　　表 2.18

影响因素	ΔT_{es}	ΔT_{is}	ΔT_{in}	Δq_r
太阳辐射	0.989	0.370	0.865	−0.953
室外风速（夜间）	0.659	0.683	0.529	−0.659
室外空气温度	0.731	0.680	0.880	−0.675
室外空气相对湿度	−0.702	−0.722	−0.844	0.656

注：相关显著性水平 *Sig.* 为 0.01（2-tailed），相关系数为正表示正相关，相关系数为负表示负相关。

2.3.4 叶片的太阳辐射动态遮阳系数

绿化屋顶改善夏季室内热环境的一个重要手段是削弱进入室内的太阳辐射。在上一节相关性分析中，也得出太阳辐射对绿化屋顶室内温差及热流差的影响最为显著。绿化屋顶叶片对太阳辐射的阻挡作用可由叶片的太阳透射率 T 来表示，见式（2.1），即太阳辐射穿过叶片后，所剩余的太阳辐射与太阳辐射的比值。在这个过程中，叶片会吸收、反射部分太阳辐射，此外还会通过长波辐射在叶片与其周围物体之间如土壤进行热交换，见式（2.3）。然而，由于叶片温度与土壤温度较为接近，因此这部分换热量较小，在本书中可以忽略不计。

$$T=\frac{I_{trans}}{I_0} \tag{2.1}$$

$$R=\frac{I_{rft}}{I_0} \tag{2.2}$$

$$I_0-I_{abs}-I_{rft}-I_{trans}\pm I_{exchange}=0 \tag{2.3}$$

式中　I_0——单位面积太阳辐射（W/m²）；

I_{abs}——叶片单位面积吸收的太阳辐射（W/m²）；

I_{rft}——叶片单位面积反射的太阳辐射（W/m²）；

I_{trans}——叶片单位面积透过的太阳辐射（W/m²）；

$I_{exchange}$——叶片与周围环境的长波辐射热交换（W/m²）；

R——叶片的太阳辐射反射率。

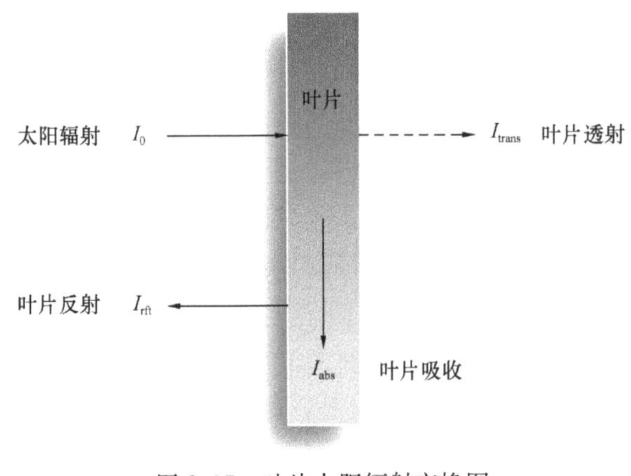

图 2.35　叶片太阳辐射交换图

利用太阳辐射计，在实验中测量了太阳辐射以及太阳辐射透过叶片的辐射量、反射量，利用式（2.1）、式（2.2）可计算出太阳辐射透过率及反射率。由于叶片的太阳辐射透过率、反射率、吸收率之和为 1（图 2.35），因此通过计算可得叶片的太阳辐射吸收率。图 2.36 为 2015 年 7～10 月落地生根叶片对太阳辐射的平均反射率、透射率和吸收率对比图，可见植物在生长过程中，透射率和反射率逐渐减小，吸收率明显增大。即落地生根在7～10月的生长过程中叶片阻挡太阳辐射和吸收太阳辐射进行光合作用的能力增强，反射太阳辐射的能力减弱。从图2.36还可以看出，落地生根在测量期间处于一个逐渐生长的过程，在7～10月透射率分别为0.40、0.28、0.13、0.12。到9月落地生根的透射率低于0.15，并趋于稳定，但在最炎热的7月和8月份透射率仍然较高。因此，为使落地生根的遮阳性能达到最佳，应在3月初进行栽培（本实验在4月中旬开始栽培），使之在盛夏时期枝叶繁茂，减少通过屋顶进入室内的太阳辐射。

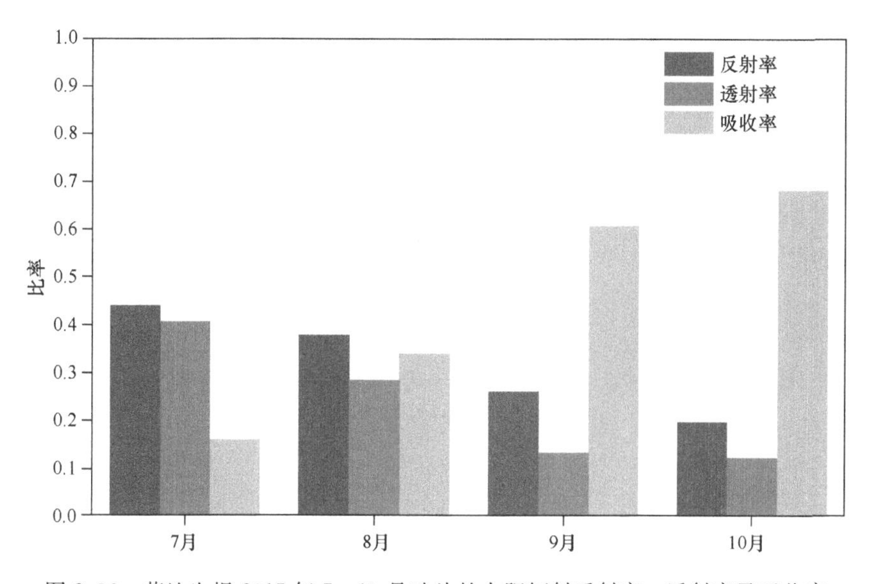

图2.36　落地生根2015年7～10月叶片的太阳辐射反射率、透射率及吸收率

图2.37为2016年7～10月德国景天叶片对太阳辐射的平均反射率、透射率和吸收率对比图。在生长过程中，透射率和反射率减小，吸收率增大，即德国景天在2016年7～10月的生长过程中叶片阻挡太阳辐射和吸收太阳辐射进行光合作用的能力增强，反射太

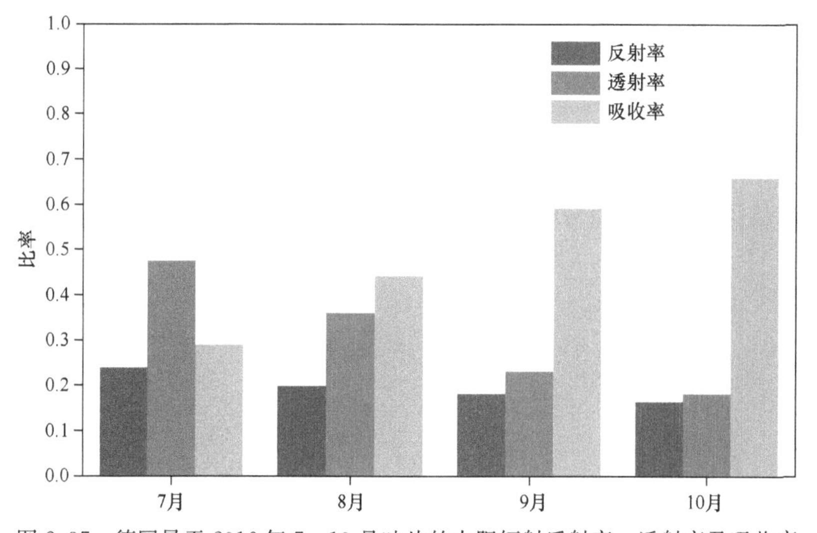

图2.37　德国景天2016年7～10月叶片的太阳辐射反射率、透射率及吸收率

阳辐射的能力减弱。这与落地生根的规律相同。由于德国景天在测量期间处于一个逐渐生长的过程，在7～10月透射率分别为0.48、0.35、0.20、0.18。同样可以看出，德国景天也是到9月阻挡太阳辐射的能力达到理想水平，因此在春季应加强养护、促进植物生长。此外，还可以看出落地生根的透射率在达到稳定后为0.12，低于德国景天，其遮阳降温效果更为突出。从叶片的形态和植物的茂密程度可以观察出，落地生根叶片较大，植株较高，阻挡太阳辐射的能力更强。

从图2.36、图2.37可看出：绿化屋顶植物的透射率是一个随时间变化的动态值，这与以往的人造遮阳部件有很大区别。随着植物叶片在生长过程中逐渐茂密，其遮阳性能也大为提高。因此，本书将实验测得的落地生根和德国景天的透射率整理后得到每天的平均值，并进行回归分析。基于此提出了绿化屋顶叶片动态遮阳系数LSC（Leaf Shading Coefficient），该系数是与天数相关的函数。由此得到落地生根和德国景天在重庆地区的气候条件下，其动态遮阳系数随天数（一年365天，d为7～10月中的某一天）的变化方程用式（2.4）表示：

$$LSC_{(d)} = \frac{I_{\text{leafshader}(d)}}{I_{0(d)}} \tag{2.4}$$

落地生根随天数变化的动态遮阳系数方程用式（2.5）表示：

$$LSC_{(d)} = 5.46 - 0.039 \times d + 6.98 \times 10^{-5} d^2 \tag{2.5}$$

德国景天随天数变化的动态遮阳系数方程用式（2.6）表示：

$$LSC_{(d)} = 3.65 - 0.02d + 4.1 \times 10^{-5} d^2 \tag{2.6}$$

式中 I_0——单位面积太阳辐射（W/m^2）；

$I_{\text{leafshader}}$——放置在叶片下的太阳辐射仪所测得的单位面积吸收的太阳辐射（W/m^2）；

d——7～10月中的某一天（$200 \leqslant d \leqslant 289$）。

根据式（2.5）及式（2.6）可计算出重庆地区落地生根和德国景天在夏季某一天或一段时间绿化屋顶植物遮阳系数，从而估计此种植物的遮阳效果，并根据植物的生长情况决定何时开始种植以及养护策略，最大限度地发挥绿化屋顶的遮阳降温效果。

2015年落地生根叶片太阳辐射透射率与天数回归曲线如图2.38所示。2016年德国景天叶片太阳辐射透射率与天数回归曲线如图2.39所示。

2.3.5 建筑围护结构及室外温度对室内热交换的影响

以本书实验箱为对象，通过夜间通风室内与室外空气的热交换可用式（2.7）表示：

$$Q_{\text{vent}} = \dot{m} c_{\text{a}} (T_{\text{in}} - T_{\text{out}}) \tag{2.7}$$

式中 Q_{vent}——实验箱夜间通风换热量（W）；

$\dot{m}$——空气质量流量（kg/s）；

c_{a}——空气比热容［J/(kg·K)］；

T_{in}——室内空气温度（K）；

T_{out}——室外空气温度（K）。

实验箱通过围护结构进行的热交换可表示为式（2.8）：

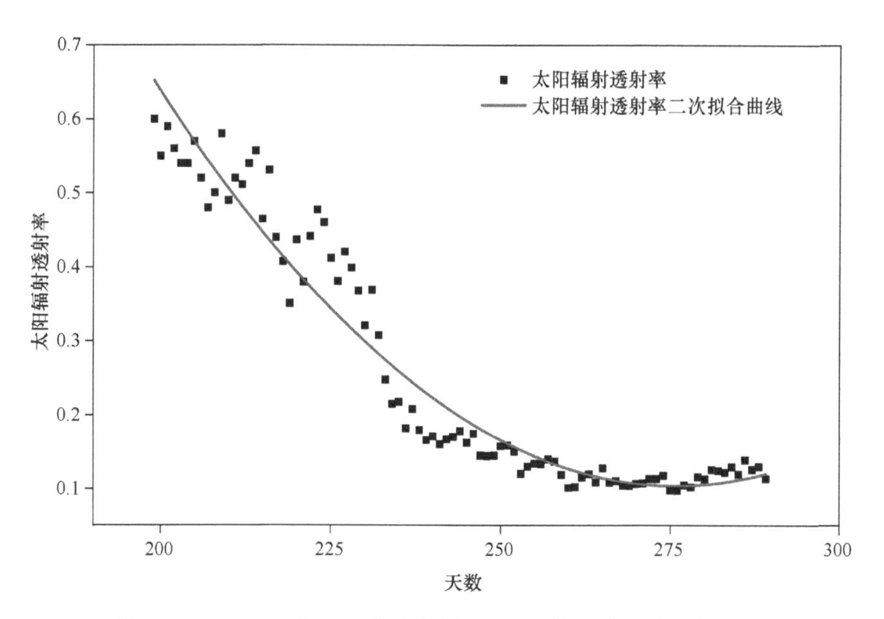

图 2.38 2015 年落地生根叶片太阳辐射透射率与天数回归曲线

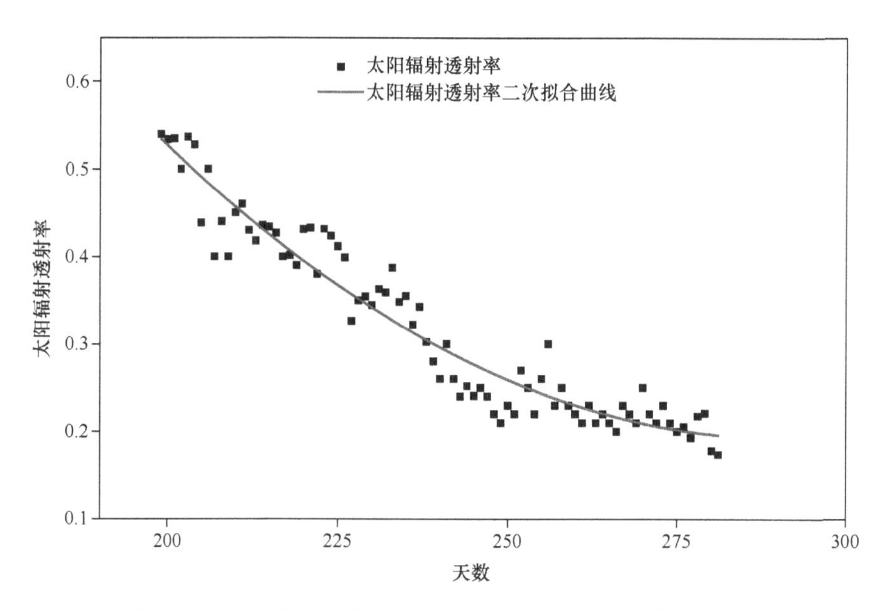

图 2.39 2016 年德国景天叶片太阳辐射透射率与天数回归曲线

$$Q_{\mathrm{cell}}=\sum_{i=1}^{n}U_iA_i(T_{\mathrm{in}}-T_{\mathrm{out}})=\sum_{i=1}^{n-1}U_iA_i(T_{\mathrm{in}}-T_{\mathrm{out}})-Q_{\mathrm{gr}} \tag{2.8}$$

式中 Q_{cell}——实验箱与外界的换热量（W）；

U_i——各围护结构传热系数［W/(m^2·K)］；

A_i——各围护结构表面积（m^2）；

Q_{gr}——由于绿化屋顶的隔热作用为实验箱带走的热量（W）。

从实验数据来看，在夜间通风结束后，绿化屋顶内表面的热量一直从室内流向室外。

式（2.8）表示实验箱的得热量为通过各围护结构吸收的热量（主要为外墙）与绿化屋顶为实验箱消除的热量之差。

在稳态条件下，实验箱通过围护结构的得热量等于夜间通风时与空气的换热量，即 $Q_{\mathrm{cell}}=Q_{\mathrm{vent}}$ ，见式（2.9）：

$$\dot{m}c_{\mathrm{a}}(T_{\mathrm{in}}-T_{\mathrm{out}})=\sum_{i=1}^{n-1}U_iA_i(T_{\mathrm{in}}-T_{\mathrm{out}})-Q_{\mathrm{gr}} \tag{2.9}$$

式（2.9）又可表示为式（2.10）：

$$\dot{m}c_{\mathrm{a}}(T_{\mathrm{in}}-T_{\mathrm{out}})+Q_{\mathrm{gr}}=\sum_{i=1}^{n-1}U_iA_i(T_{\mathrm{in}}-T_{\mathrm{out}}) \tag{2.10}$$

即通过夜间通风和绿化屋顶消除的热量等于墙体、门、窗等围护结构得到的热量。为降低室内空气温度 T_{in} ，我们可以对外围护结构、夜间通风方式及通风量进行优化，同时选择更为合理的绿化屋顶（包括绿化植物、土壤、屋面板材料），使绿化屋顶与夜间通风的结合最大限度地减少房间得热。以此为思路，在后续章节将通过模拟手段对这两种被动式节能方式进行优化组合，以达到最佳的节能效果。

2.4 评价指标

2.4.1 屋顶温差比率 RTDR

为评价夏季夜间通风的降温效果，Givoni（2011）提出了温差比率 TDR（Temperature Difference Ratio），见式（2.11）。温差比率 TDR 可作为量化计算不同气候条件下夜间通风潜力的方法和指标。该公式分子为室外最高温度与室内最高温度的差值，分母为室外昼夜温差。TDR 值较高表示室内外存在较大的温差，从而说明该被动节能措施有良好的降温效果。TDR 概念将室内最高温度的降低能力归一化为室外昼夜温差对其的影响，可用于不同系统、不同气候条件下的相互比较。TDR 也可作为关键设计变量，用于开发预测夜间通风降温能力的方程。

$$\mathrm{TDR}=\frac{T_{\mathrm{max\text{-}out}}-T_{\mathrm{max\text{-}in}}}{T_{\mathrm{max\text{-}out}}-T_{\mathrm{min\text{-}out}}} \tag{2.11}$$

式中 $T_{\mathrm{max\text{-}out}}$ ——室外空气温度最大值；

$T_{\mathrm{max\text{-}in}}$ ——室内空气温度最大值；

$T_{\mathrm{min\text{-}out}}$ ——室外空气温度最小值。

受温差比率 TDR 的启发，本书提出了针对在夜间通风条件下屋顶的降温效果评价指标 RTDR（Roof Temperature Difference Ratio），将式（2.11）中室内最高温度 $T_{\mathrm{max\text{-}in}}$ 替换为屋顶内表面最高温度 $T_{\mathrm{max\text{-}in\_r}}$ ，见式（2.12）：

$$\mathrm{RTDR}=\frac{T_{\mathrm{max\text{-}out}}-T_{\mathrm{max\text{-}in\_r}}}{T_{\mathrm{max\text{-}out}}-T_{\mathrm{min\text{-}out}}} \tag{2.12}$$

式中 RTDR——夜间通风作用下的房间屋顶内表面与室外空气的温差比率；

$T_{\mathrm{max\text{-}out}}$ ——室外空气温度最大值；

$T_{\mathrm{max\text{-}in\_r}}$ ——屋顶内表面温度最大值；

$T_{\text{min-out}}$——室外空气温度最小值。

Givoni 提出的温差比率 TDR 用于评价整个房间在夜间通风作用下的降温效果，而本书提出的 RTDR 概念将屋顶内表面最高温度的降低程度归一化为室外昼夜温差对其的影响，可用于夜间通风作用下屋顶绿化的降温能力在不同室外气候条件下的相互比较和评价。将 2015 年和 2016 年各工况实验数据带入该公式，得到图 2.40。

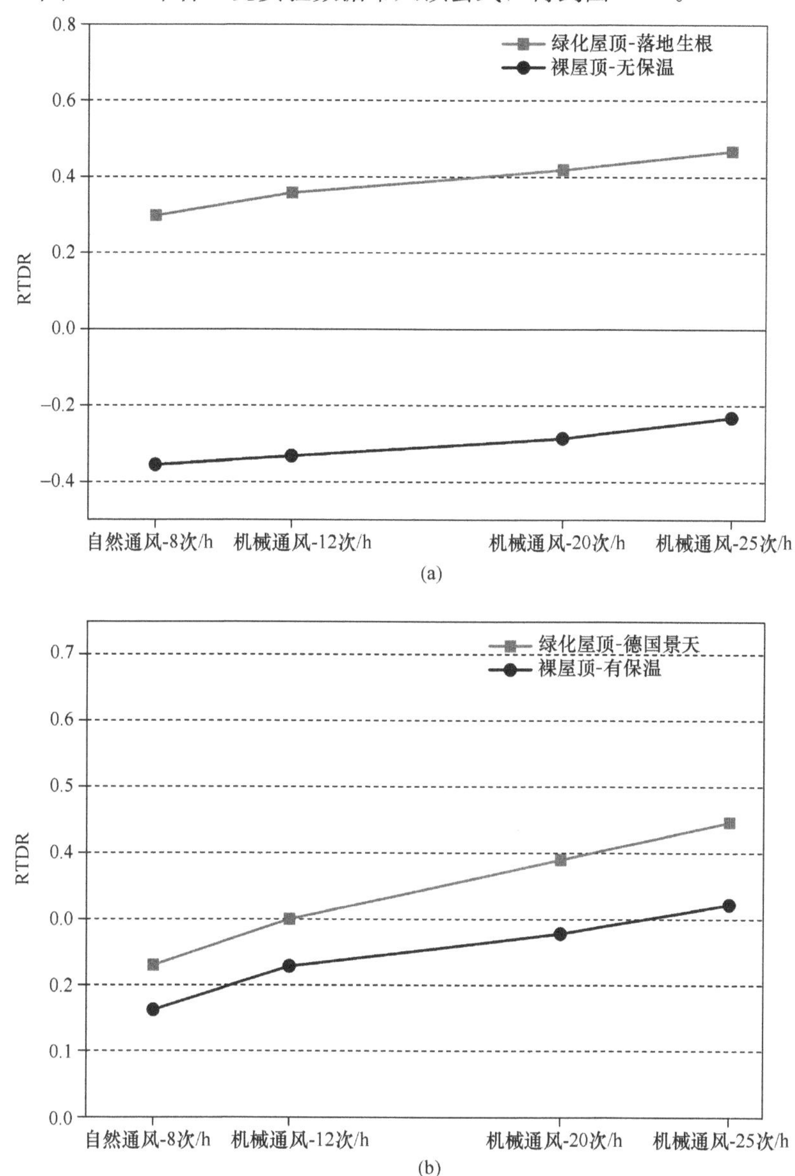

图 2.40　2015、2016 年夜间自然通风、夜间机械通风工况下 2 个实验箱的 RTDR

(a) 2015 年；(b) 2016 年

从图 2.40 可以看出，随着换气次数从自然通风的 8 次/h 增加到机械通风的 25 次/h，绿化屋顶和裸屋顶实验箱的 RTDR 均呈上升趋势。由于 2015 年裸屋顶未进行保温处理，其 RTDR 甚至是负值。这是因为裸屋顶受太阳辐射影响剧烈，屋顶内表面温度在白天高于室外空气温度，导致室外最高温度与屋顶内表面最高温度之差为负值。当2016年对裸屋顶进行保温后，裸屋顶RTDR为正值。说明增加保温层后使裸屋顶内表面温度有效降低。但两年的RTDR均表明在夜间通风作用下绿化屋顶的降温效果优于裸屋顶（RTDR越大，室外最高温度与屋顶内表面最高温度差值越大，则降温效果越好）。此外，还可以看出2015年采用落地生根的RTDR大于2016年采用德国景天时的RTDR，说明落地生根植物的遮阳隔热能力强于德国景天，这与本书2.3.4节关于两种植物透射率的实验数据结果一致。

2.4.2 放吸热比 RHR

在本书2.3节实验结果分析部分计算了屋顶内表面的放吸热比，即屋顶内表面放出和吸收热量的比值，用RHR（Roof Heat Ratio）表示，计算公式为：

$$\mathrm{RHR}=\frac{H_{\mathrm{release}}}{H_{\mathrm{absorption}}} \tag{2.13}$$

式中　RHR——屋顶内表面放吸热比；

H_{release}——屋顶内表面向室内放出的热量（$\mathrm{W/m^2}$）；

$H_{\mathrm{absorption}}$——屋顶内表面从室内吸收的热量（$\mathrm{W/m^2}$）。

由于2016年实验测量了土壤含水量，且裸屋顶进行了保温，因此选用2016年数据计算RHR，并进行分析，见表2.19。由本书2.3.2节可知，屋顶内表面放热发生在夜间通风时段；屋顶内表面吸热发生在白天关闭通风时段。因此屋顶内表面放热量主要受夜间通风换气次数的影响，而屋顶吸热量受隔热层的影响。由此说明RHR表示屋顶内表面夜间通风放热程度和白天屋顶内表面吸热程度的比值。从2016年的实验数据来看，由于屋顶绿化显著的遮阳隔热能力使得屋顶内表面在全天都处于一个较为稳定的相对低温状态，在夜间通风时段室内空气与屋顶内表面温差小于白天关闭通风后两者的温差，因此屋顶绿化的RHR较小，即绿化屋顶的放热量小于吸热量，说明屋顶绿化阻挡和消耗了大部分本应由屋顶进入室内的热量。而裸屋顶内表面在一天中温度波动较为剧烈，导致裸屋顶内表面与室内温差在夜间通风时段和白天关闭通风后均较大，因此裸屋顶的RHR接近1，即裸屋顶内表面的吸放热基本平衡。

从表2.19可以看出，机械通风时，随着换气次数的增加裸屋顶的屋顶放吸热比RHR从0.65增大带0.84；当采取自然通风时，裸屋顶放吸热比为0.83，接近机械通风25次/h时的数值。

对于绿化屋顶而言，屋顶放吸热比远小于裸屋顶。这主要是由于绿化屋顶的吸热量远大于放热量，即绿化屋顶的隔热效果占主导地位，而夜间通风起到的作用较小。因此绿化屋顶放吸热比主要受植物层和土壤层的影响。叶面积指数、土壤厚度一定的情况下，主要受土壤含水量的影响。所以当表2.19机械通风换气次数为12次/h，绿化屋顶土壤含水量降至0.07 $\mathrm{m^3/m^3}$时，屋顶放吸热比为0.2，大于换气次数为20次/h和25次/h时数值。此时由于绿化屋顶隔热效果变差，吸热量减小，导致屋顶放吸热比增大。而当土壤含水量达到0.16 $\mathrm{m^3/m^3}$时，增大绿化屋顶实验箱的换气次数，屋顶放吸热比随之增大。这一点在屋顶温差比率RTDR中没有明显地表现出来。屋顶温差比率RTDR是绿化屋顶和夜间通风共同作用的表现，而屋顶放吸热比 RHR 则可分别反映绿化屋顶和夜间通风对隔热蓄冷的贡献。因此，可将这两个指标结合起来，既可预测、评价夜间通风条件下屋顶绿化的降温效果又可分析两者在此过程中所占的比重。

2016 年不同工况下绿化屋顶和裸屋顶的 RTDR 及 RHR 对比　　表 2.19

工况	屋顶温差比率 RTDR		土壤含水量	屋顶放吸热比 RHR	
	绿化屋顶	裸屋顶	(m^3/m^3)	绿化屋顶	裸屋顶
自然通风（8 次/h）	0.23	0.16	0.12	0.28	0.83
机械通风（12 次/h）	0.30	0.23	0.07	0.2	0.65
机械通风（20 次/h）	0.39	0.28	0.16	0.11	0.72
机械通风（25 次/h）	0.45	0.30	0.16	0.16	0.84
全封闭	0.29	0.19	0.23	0.16	0.47

2.5　本章小结

在重庆大学校园内搭建的 2 个构造、规格完全相同的实验箱（其中一个实验箱屋顶放置模块式绿化植物，另一个实验箱为对比裸屋顶实验箱），于 2015 年及 2016 年夏季分别对这两个实验箱的各温度及热流参数进行对比实验。实验工况包括夜间自然通风、夜间机械通风、全天封闭。此外，还对两种绿化屋顶植物对太阳辐射的透射率、反射率和吸收率进行了测量。对所测得的实验数据进行对比分析后得出以下结论：

（1）绿化屋顶相当于保温层，有利于夏季白天隔热，但限制了夜间向室外散热。采用夜间通风可显著降低夜间时段的室内温度，使之更接近夜间室外空气温度。因此，对于有绿化屋顶的建筑，采用夜间通风可引入室外低温空气置换室内热空气，并将冷量存储于室内围护结构中用于次日抵消部分室内得热的作用，弥补绿化屋顶夜间不利于屋顶散热的不足。

（2）在夜间通风时段，用较低的风速掠过屋面板，使冷量蓄存于屋面板中在白天得以释放，比用较大风速冷却整个实验箱更为经济有效。

（3）太阳辐射对绿化屋顶和裸屋顶外表面温差、室内温差及热流差的影响最为显著，其次是室外空气温度及室外风速。土壤含水量与绿化屋顶内外表面温度及热流量的相关性较强，表明增加土壤含水量可在很大程度上降低屋顶内外表面温度，从而降低室内温度，并使得热量由室内流向室外。

（4）本实验所采用的绿化植物落地生根和德国景天生长到一定茂密程度，透射率均能到达 15%以下，即 85%的太阳辐射通过植物的反射、吸收被消耗掉。

（5）对比 2015 年与 2016 年夏季自然通风工况下采用落地生根和德国景天为绿化植物，以及裸屋顶有无保温层时的室内外温差可知：落地生根在白天的降温效果略优于德国景天；裸屋顶加保温层后在白天可有效隔热，但在夜间保温层阻止热量向室外散发，裸屋顶无保温层实验箱夜间室内外温差比有保温层实验箱低 0.5℃。

（6）绿化屋顶植物的透射率是一个随时间变化的动态值，随着植物叶片在生长过程中逐渐茂密，其遮阳性能也大为提高。因此，本书将实验测得的落地生根和德国景天的透射率整理后得到每天的平均值，并进行回归分析。基于此得出了绿化屋顶叶片动态遮阳系数LSC。将2015年及2016年实验数据整理后得到落地生根和德国景天在重庆地区的气候条件下，两种植物的动态遮阳系数随天数的变化方程见式（2.5）和式（2.6）。

（7）通过实验数据得到绿化屋顶和夜间通风共同作用下实验箱的热传递公式，见式（2.10）。

（8）提出了夜间通风作用下屋顶绿化降温效果评价指标屋顶温差比率RTDR和屋顶内表面放吸热比RHR，见式（2.12）和式（2.13）。

以此为思路，在后续章节将通过数值模拟手段对这两种被动式节能方式进行优化组合，以达到最佳的节能效果，从而为将绿化屋顶和夜间通风结合的技术在建筑设计初期阶段或既有房屋节能改造中的应用提供指导性的参考数据，以推动这两种节能技术更为广泛和有效地应用。

3 夜间通风作用下屋顶绿化的模拟研究

第 2 章通过实验研究的方法，对绿化屋顶在夜间通风工况下的屋顶传热特性进行了实验数据分析，并对影响绿化屋顶在夜间通风工况下的降温能力的影响因素做了相关性的定性研究。但由于实验期间室外气候不可控，在有限的时间内进行大量的实验以获得有效的实验数据非常困难，也就难以进行绿化屋顶与夜间通风技术结合后对夏季降温节能效果的定量研究。因此本书在接下来将采用目前国际上最为前沿、先进的建筑能耗模拟软件之一EnergyPlus，首先以第 2 章的实验箱作为建筑模型，在输入相关参数后将数值模拟结果与第 2 章的实验数据进行对比来验证模型的有效性，以用于后续章节对影响室内热环境的各因素敏感性分析研究及优化设计中。再根据建立并通过实验数据验证的模型，通过 EnergyPlus 模拟软件对影响绿化屋顶及夜间通风的各主要影响因素（叶面积指数 LAI、土壤层厚度、土壤含水量、房间换气次数、屋顶蓄热性能）分别进行数值模拟，分析这些参数与室内温度以及屋顶内表面热流之间的关系，并对影响因素进行了相关性排序，为设计者选择植物种类、土壤厚度、灌溉方式、屋顶构造及房间通风设计提供更多的参考依据。

3.1 EnergyPlus 软件简介

EnergyPlus 是 20 世纪 90 年代末由美国能源部（United States Department of Energy，DOE）和美国国家可再生能源实验室（National Renewable Energy Laboratory，NREL）基于 DOE-2 和 BLAST（Building Loads Analysis and System Thermodynamics）共同开发的一款大型建筑能耗模拟引擎，旨在替代原有的 DOE-2 和 BLAST 并不断加入新的功能。EnergyPlus 在 2001 年正式发布，每两年进行一次重大更新，被认为是目前国际上最为前沿、最先进的建筑能耗模拟软件之一，同时也是一款开源免费、跨平台软件，可在 Windows、Mac OS X 和 Linux 系统中运行（DOE，2016a）。该软件可对建筑的采暖、制冷、照明、通风、给水排水以及绿化屋顶、地道风、光伏系统、风力发电、相变材料等其他节能技术进行全面能耗模拟分析和经济分析，此外，还可以进行大气污染物的计算、湿热传递计算、地面传热计算、室内舒适度评价、LEED 评分、成本分析和全生命周期成本估算等（DOE，2016c）。其主要计算模块有：

（1）遮阳模块：可以模拟活动遮阳和固定遮阳。

（2）自然采光模块：可以模拟在使用自然采光时建筑节约的照明能耗，同样可计算逐时的采光系数。

（3）自然通风模块：将通风模块和热环境模拟模块进行了动态耦合，更接近现实情况。可以模拟自然通风和在暖通空调系统作用下的通风。

（4）与地面接触的围护结构传热：通过数值分析的算法计算与地面接触的围护结构的传热量。

（5）非均匀温度场设定：用于模拟高大空间等室内非均匀温度场下的传热过程。

（6）HVACTemplate 模块：用于快速构建供暖空调系统。

（7）HVAC 空调系统模块：HVAC 模块可以构建常见的供暖空调系统，相比于 HVACTemplate 使用更加灵活。可以构建分散式空调系统、集中式空调系统和半集中式空调系统。更具体来说可以构建风机盘管系统、地源热泵、风冷热泵、蓄冷/热系统、地板辐射采暖/供冷系统。

（8）可再生能源系统模块：主要有太阳能光伏/光热系统和风力发电系统。

（9）经济成本估算模块：成本分析和全生命周期成本估算。

（10）详细的输出模块：几乎可以输出任何的模拟数据，如用于场地分析的全年的气象数据（温度、湿度和太阳辐射等），室内的逐时温度湿度和舒适度，系统逐时供暖/供冷功率，自然通风工况下 CO_2 的温度等。

由于 EnergyPlus 输出采用 ASCII 文本格式的输入输出方式，对模拟人员的专业要求很高，因此还需要借助第三方可视化用户界面才适用于普通用户。常见的 EnergyPlus 的用户界面有 OpenStudio（包括 OpenStudio 和 Legacy OpenStudio）、DesignBuilder、AECOsim Energy Simulation、Simergy 和 BEopt（NREL，2017b）。下面分别对这几种软件作简要介绍：

（1）OpenStudio 是由美国可再生能源实验室（NREL）领导多家单位（美国阿贡国家实验室 ANL、劳伦斯伯克利国家实验室 LBNL、橡树岭国家实验室 ORNL 和太平洋西北国家实验室 PNNL）参与开发的一款以 EnergyPlus 为计算引擎的第三方用户界面，用于建立 EnergyPlus 模拟的建筑几何模型，并加入了 Radiation 进行采光模拟，其输出格式为与 EnergyPlus 相同的 idf 文件。与 EnergyPlus 一样，也是一款开源免费、跨平台软件（NREL，2017a）。OpenStudio 是建筑专业熟悉的三维建模软件 SketchUp 的插件，相比其他几种第三方软件，建模更为容易。

由于 OpenStudio 和 EnergyPlus 均为美国能源部（DOE）的下属部门建筑技术办公室（Building Technologies Office ，BTO）所主导的建筑能耗模拟程序研究项目（Building Energy Modeling Program Portfolio）（NREL，2017a），与 EnergyPlus 的结合性更好，因此本书选用了 OpenStudio 作为用户界面。

（2）DesignBuilder 是基于 EnergyPlus 开发的一款图形用户界面商业软件。DesignBuilder 可实现集合模型的建立、普通模拟参数输入、暖通空调系统构建和结果查看分析等功能。除了内置 EnergyPlus 模拟建筑能耗，DesignBuilder 还包含有 CFD 模块用于室内外气流分析，内置 Radiance 模块进行自然采光分析，此外还有优化模块帮助使用者了解不同设计参数对建筑能耗、成本和热舒适性的影响（Designbuilder，2017）。

用户在使用 DesignBuilder 时能很快掌握三维建模，但建模功能与 SketchUp 相比有一定差距，且由于 DesignBuilder 对 EnergyPlus 的很多设置进行了封包，没有错误输出文件，设置不当出现错误时初学者查找不到错误源，进而无法进行修改。

（3）Sefaira 使用非常简单方便，使得建筑师可以在设计过程中不断改变建筑形体和其他被动节能措施来模拟建筑在照明、能耗和热舒适性方面的性能。由于 Sefaira 采用的是云计算，模拟过程只需要数秒钟即可完成，这对于模拟大型建筑来说可节省很多时间（Sefaira，2017）。Sefaira 也是一款商业软件。

（4）AECOsim Energy Simulation 是美国奔特利（Bentley）公司在其 BIM 平台上基于 EnergyPlus 开发的建筑性能模拟软件，可以和 Bentley BIM 模型实现无缝连接。AECOsim Energy Simulation 可建立复杂的暖通空调系统，自动创建 ASHRAE90.1 表征要求的基准建筑，软件内部包含有 ASHRAE90.1 的建筑空间类型（Bentley，2017）。

3.2 绿化屋顶能量平衡模型

植物层、土壤层、保温层、结构层是构成绿化屋顶的四大要素。其中植物是有生命的，能进行光合作用和蒸腾作用，土壤含水量会因降水或灌溉发生变化，因此绿化屋顶与气候、时间密切相关，这也使之成为一类特殊的具有动态特性的屋顶材料，不能将其视为简单的隔热材料，仅用热阻来表征其传热特性。

由于实验类研究大多局限于测量绿化屋顶各层温度及夏季降温效果（Theodosiou，2003），少部分研究测量了绿化屋顶全年的工作情况，而建筑师、规划师及房地产商、住户更希望了解绿化屋顶更为全面的经济、环境效益（Saadatian et al.，2013）。因此，一些学者通过建立数学模型来模拟绿化屋顶对能耗的影响，其中，运用最广泛的是 Sailor（2008）基于美国陆军工程兵团（United States Army Corps of Engineers）的 Fast All Season Soil Strength（FASST）模型（Frankenstein et el.，2004a，Frankenstein，2004b）建立的绿化屋顶能量平衡计算模型。

该模型作为一个材料输入子模块（Input Object Material：RoofVegetation）被加入到由美国能源部（DOE）研发的能耗模拟软件 EnergyPlus 之中。该模块可设置绿化屋顶的热工参数、植物特性，如叶面积指数（LAI）、植物高度、气孔阻力、土壤厚度、土壤湿度情况（灌溉或降雨量）等，通过 EnergyPlus 模拟可得出建筑在使用绿化屋顶后的能耗、热流、温湿度、经济效益等诸多数据供设计者和使用者参考（Sailor，2008）。

Sailor（2008）的绿化屋顶数学模型计算了以下热湿交换过程：

（1）植物冠层的长波及短波辐射交换；

（2）植物冠层的对流换热；

（3）土壤和植物的蒸发蒸腾换热；

（4）土壤的热传导及蓄热。

绿化屋顶的能量平衡与传统屋顶类似，同样是由太阳辐射主导，由显热（对流）和潜热（蒸发）两部分组成，热流从土壤和植物表面共同传导进入土壤内部，再通过屋顶结构层进入室内。

能量平衡方程包含两大部分：植物冠层能量 F_f（W）平衡方程和土壤能量 F_g（W）平衡方程。下面分别对这两个平衡方程作详细说明：

1. 植物冠层的能量平衡方程

植物叶片可看作传统建筑的遮阳构件。植物叶片不但吸收部分太阳能用于光合作，同时其冠层下还要进行对流换热。此外，土壤和植物层还进行蒸发和蒸腾散热（Berardi et al.，2014）。

影响绿化屋顶植物层热工性能的因素包括：植物高度、叶面积指数、植物覆盖率、植物太阳辐射吸收率和反射率、气孔阻力（Sailor，2008；Berardi et al.，2014）。叶面积指数LAI（又称叶面积系数），是指单位土地面积上植物叶片总面积占土地面积的倍数，即：叶面积指数＝叶片总面积/土地面积。由于统计叶片面积存在很大的难度，通常进行简化计算：假定在绿化屋顶范围内叶片在垂直方向的平均叶片层数为2，则认为该范围内的绿化屋顶叶面积指数LAI为2（Sailor，2008）。植物的叶面积指数与植物种类密切相关，且随着植物的生长也会发生变化，通常情况下绿化屋顶的植物叶面积指数为0.5～5（Sailor，2008），而对于大型树木则为6～8（Moody et al.，2013），农作物为2～4（Asner et al.，2003）。植物覆盖率是指屋顶表面被植物直接遮挡的百分率，它与叶面积指数在概念上存在差别。气孔阻力是指植物在进行蒸腾作用时，水蒸气通过叶片气孔时的阻力。植物的蒸腾作用将水分和矿物质从植物根部运送到叶片，从而进行光合作用。在这个过程中，叶片上的气孔通过调节水分的蒸发量来改变叶片表面的能量交换。植物太阳辐射反射率（Radiation Albedo）是指植物叶片对太阳辐射反射百分率。植物太阳辐射吸收率（Radiation Absorptivity）是光合作用的重要影响因素，植物可以通过叶片直接吸收40%的太阳能（Abdel-Ghany et al.，2011），因此高吸收率对提高绿化屋顶的热工性能有着积极的作用。

植物冠层的能量平衡方程见式（3.1），该方程包括植物冠层吸收的长波及短波太阳辐射 $\sigma_f[I_s^{\downarrow}(1-\alpha_f)+\varepsilon_f I_{ir}^{\downarrow}-\varepsilon_f\sigma T_f^4]$、植物和土壤间辐射热交换 $\frac{\varepsilon_f\sigma_g\sigma_f\sigma}{\varepsilon_1}(T_g^4-T_f^4)$、植物与周围空气的显热交换 H_f 以及植物由于蒸发蒸腾引起的潜热交换 L_f。

$$F_f=\sigma_f[I_s^{\downarrow}(1-\alpha_f)+\varepsilon_f I_{ir}^{\downarrow}-\varepsilon_f\sigma T_f^4]+\frac{\varepsilon_f\sigma_g\sigma_f\sigma}{\varepsilon_1}(T_g^4-T_f^4)+H_f+L_f \tag{3.1}$$

式中 F_f——绿化屋顶冠层单位面积热流（W/m²）；

σ_f——植物叶片发射率；

$I_s^{\downarrow}$——短波辐射吸收量（W/m²）；

α_f——叶片短波反射率；

ε_f——叶片发射率；

$I_{ir}^{\downarrow}$——长波辐射吸收量（W/m²）；

σ——波尔兹曼常数［5.67×10⁻⁸W/(m²·K⁴)］；

σ_g——土层发射率；

σ_f——叶片发射率；

T_f——叶片温度（K）；

T_g——土面温度（K）；

H_f——植物叶片显热热流（W/m²）；

L_f——植物叶片的潜热热流（W/m²）。

其中，叶片发射率 σ_f 与叶面积指数LAI相关。

$$\sigma_f = 0.9 - 0.7e - 0.75LAI \tag{3.2}$$

植物显热 H_f 和潜热 L_f 交换的计算过程较为复杂，在下面进行详细介绍：

1）植物冠层的显热交换

植物冠层与周围空气的显热交换 H_f 受植物冠层与周围空气的温差、风速、叶片叶面积指数的影响，见式（3.3）。式中的常数 1.1 是考虑到植物枝干、茎换热的附加系数（Deardorff，1978）。

$$H_f = (1.1LAI\rho_{af}C_{p,a} - C_f W_{af}) \times (T_{af} - T_f) \tag{3.3}$$

植物周围的空气性能参数包括：植物周围的空气密度 ρ_{af}（式（3.4））、植物冠层内的空气温度 T_{af}（式（3.5））、植物冠层内的空气风速 W_{af}（式（3.6）～式（3.9））、植物的体积传递系数 C_f（式（3.10））：

$$\rho_{af} = 0.5(\rho_a - \rho_f) \tag{3.4}$$

$$T_{af} = (1 - \sigma_f)T_a + \sigma_f(0.3T_a + 0.6T_f + 0.1T_g) \tag{3.5}$$

$$W_{af} = 0.83\sigma_f W\sqrt{C_{hnf}} + (1 - \sigma_f)W \tag{3.6}$$

式中 ρ_a——仪器高度测得的空气密度；

ρ_f——冠层内的空气密度；

T_a——仪器高度测得的空气温度；

T_f——叶片表面温度；

T_g——土壤表面温度；

W——大于 2.0m/s 或者冠层上的实际风速（Hughes et al.，1993）；

C_{hnf}——在中度大气稳定条件下的显热交换传递系数（表征传递动量、热量、水汽的能力）；

K_v——卡门常数 0.4；

Z_a——测量仪器的高度；

Z_d——土壤粗糙度长度[①]（土壤层以上的有效风速为 0 的高度）；

$Z_{o,f}$——叶面粗糙度长度（Balick et al.，1981）。

$$C_{hnf} = K_v^2 \left(\ln\left(\frac{Z_a - Z_d}{Z_{o,f}}\right)\right)^{-2} \tag{3.7}$$

$$Z_d = 0.701Z_f^{0.979} \tag{3.8}$$

$$Z_o = 0.131Z_f^{0.997} \tag{3.9}$$

式（3.3）中的体积传热系数 C_f 为（Deardorff，1978）：

$$C_f = 0.01\left(1 + \frac{0.3}{W_{af}}\right) \tag{3.10}$$

① 因地表起伏不平或地物本身几何形状的影响，风速为 0 的位置并不在地表，而是在离地表一定高度处，这一高度被定义为地面动量粗糙度长度，也称为空气动力学粗糙度长度。当地面有较高的覆盖物（如城市建筑、树林、农作物）时，地面粗糙度长度表征的是与大气接触的覆盖物顶部的崎岖情况（而不是地面的情况），这时平均风速为 0 的高度应是地面粗糙度长度和一个与覆盖物高度有关的订正值之和。这个订正值称为位移长度或零平面位移，典型值为覆盖物高度的 2/3～4/5。

2）植物冠层的潜热交换

水分从活的植物体表面（主要是叶片）以水蒸气状态散失到大气中的过程被称为蒸腾，与物理学的蒸发过程不同，蒸腾作用不仅受外界环境条件的影响，而且还受植物本身的调节和控制，是一种复杂的生理过程。调节植物蒸腾作用是通过植物细胞间的气孔开启关闭来实现的，气孔阻止水蒸气散失到大气的能力称为气孔阻力。这取决于光照强度、土壤湿度和叶片内外的水蒸气压力差等因素。气孔阻力 r_s 计算公式如下：

$$r_s = \frac{r_{s,min}}{LAI} f_1 f_2 f_3 \tag{3.11}$$

式中，$r_{s,min}$ 为最小气孔阻力，气孔阻力 r_s 与最小气孔阻力 $r_{s,min}$ 成正比，与叶面积指数 LAI 成反比。气孔阻力还跟与太阳辐射、大气湿度有关的系数 f_1、f_2、f_3 相关：

$$\frac{1}{f_1} = \min\left(1, \frac{0.004 I_s^{\downarrow} + 0.005}{0.81 \times (0.004 I_s^{\downarrow} + 1)}\right)$$

$$\frac{1}{f_2} = \begin{cases} 0 & \theta_r \leqslant \bar{\theta} \\ \dfrac{\bar{\theta} - \theta_r}{\theta_{max} - \theta_r} & \theta_r \leqslant \bar{\theta} \leqslant \theta_{max} \end{cases}$$

$$\frac{1}{f_3} = \exp[-g_d(e_{f,sat} - e_a)] \tag{3.12}$$

式中　θ_r——土壤的剩余含水量（当植物开始枯萎时土壤的含水量），约为 $0.01m^3/m^3$（Frankenstein，2004b）；

θ_{max}——土壤的最大含水量，一般为 $0.3 \sim 0.6m^3/m^3$（Guymon et al.，1993）；

$\bar{\theta}$——土壤在植物根部的平均含水量；

g_d——与气孔阻力相关的植物特征参数，只有当植物为树木时为非零数；

$e_{f,sat}$——植物叶片温度下的饱和水蒸气分压力；

e_a——空气的水蒸气压力。

叶片空气动力学阻力 r_a 是指水蒸气离开叶片表面蒸发到叶片周围空气的过程中所受到的阻力，单位 s/m，r_a 受到风速、叶片表面粗糙度和大气稳定程度的影响（Oke，1978）。

$$r_a = \frac{1}{c_f W_{af}} \tag{3.13}$$

叶片空气动力学阻力和气孔阻力可综合反映为叶片表面湿度因子 r''，其值为叶片空气动力学阻力与总阻力的比值。当空气动力学阻力很小时，叶片表面湿度因子接近于 0（叶片表面更容易向外蒸发水分，使得叶片表面保持干燥）；而当空气动力学阻力增大到可忽略气孔阻力的程度，叶片表面湿度因子接近于 1（植物体内的水分更容易到达叶片表面但难以蒸发到空气中）。

$$r'' = \frac{r_a}{r_a + r_s} \tag{3.14}$$

植物由于蒸腾作用引起的潜热交换公式如下：

$$L_f = l_f \times LAI \times \rho_{af} C_f W_{af} r''(q_{af} - q_{f,sat}) \tag{3.15}$$

式中 l_f——叶片表面温度下的汽化潜热（J/kg）；

$q_{f,sat}$——叶片表面温度下的饱和空气混合比；

q_{af}——冠层内空气混合比，其公式在 Frankenstein（2004a）的 FASST Vegetation Models 中有详细介绍：

$$q_{af} = \frac{[(1-\sigma_f)q_a + \sigma_f(0.3q_a + 0.6q_{f,ast}r'' + 0.1q_{g,ast}M_g)]}{1-\sigma_f[0.6(1-r'') + 0.1(1-M_g)]} \tag{3.16}$$

M_g——土壤的体积含水量和空隙的比率（范围：0～1）（Frankenstein，2004a）。

叶片的汽化潜热 l_f 是将单位量的水分蒸发为气体所需的能量（Henderson-Sellers，1984），其计算公式如下：

$$l_f = 1.91846 \times 10^6 \left[\frac{T_f}{T_f - 33.91}\right]^2 \tag{3.17}$$

2. 土壤能量平衡方程

绿化屋顶中的土壤可以看作高热容量的蓄热体，具有高延时效应、低动态热传导。在建筑热工领域，一般采用热阻 R 来反映建筑材料阻止热量传递的能力。一般情况，材料热阻是在实验室创造的稳定状态下测量得到的数值。将被测材料两侧的温度设为定值，测量通过该材料的热流，由公式（3.18）计算得到热阻 R，单位为 $m^2 \cdot K/W$。

$$R = \frac{\Delta T}{q} \tag{3.18}$$

式中 ΔT——材料两侧温差（K）；

q——测量所得热流（W/m^2）。

种植有植物的土壤也可视为传统建筑材料，它的热物性可用传热系数、密度、比热容来表征，由于土壤有较高的热容量，使得热量可以通过热传导迅速传递。因此，稳态的土壤热阻可在实验室进行测量：将土壤两侧温度设为定值，规定土壤的厚度，测量热流量及温度，通过式（3.18）计算可得稳态的土壤热阻。但该热阻只能作为参考，因为绿化屋顶的能量平衡是由一系列动态的传热传湿过程所构成的，其中土壤的热特性非常复杂，与传统建筑材料不同，土壤的保水性使其具有减缓城市径流和维持植物生存的作用。因此，并不能用实验室测得的土壤热阻来进行简单计算，土壤的热特性与土壤含水量密切相关（Ondimu et al.，2007；Sailor et al.，2011；Sailor et al.，2008）。研究绿化屋顶的能量传递应重视对土壤的动态含水量的研究。

土壤表面的能量平衡方程见式（3.19），该方程包括透过植物的太阳辐 $(1-\sigma_f)[I_s^{\downarrow}(1-\alpha_g)+\varepsilon_g I_{ir}^{\downarrow}-\varepsilon_g\sigma T_g^4]$、植物和土壤间辐射热交换 $\frac{\sigma_f\varepsilon_g\varepsilon_f\sigma}{\varepsilon_1}(T_g^4-T_f^4)$、土壤与周围空气的显热交换 H_g、土壤由于蒸发引起的潜热交换 L_g、土壤的热传导 $K\frac{\partial T_g}{\partial z}$。土壤的能量交换与叶片覆盖率 σ_f、土壤的热特性及含水率密切相关。土壤的得热与放热均源于土壤中水分的相变，流入土壤的热流为正。方程中忽略了雨水的热流以及土壤垂直方向水分渗透的热量传递（Frankenstein，2004a）。

$$F_g = (1-\sigma_f)[I_s^{\downarrow}(1-\alpha_g)+\varepsilon_g I_{ir}^{\downarrow}-\varepsilon_g\sigma T_g^4]-\frac{\sigma_f\varepsilon_g\varepsilon_f\sigma}{\varepsilon_1}(T_g^4-T_f^4)+H_g+L_g+K\frac{\partial T_g}{\partial z} \tag{3.19}$$

式中 α_g——土壤的短波反射率；

ε_g——土壤表面的发射率；

T_g——土面温度（℃）；

$K\frac{\partial T_g}{\partial z}$——进入土壤的导热量。

与植物冠层的能量方程一样，这个方程也包括了显热（H_g）和潜热（L_g）。

1）土壤层显热交换

土壤表面与空气的显热交换主要取决于两者的温差以及植物冠层内的风速，其热流 H_g 可表示为：

$$H_g = [\rho_{ag}c_{p,a}C_{hg}W_{af}(T_{af}-T_g)] \tag{3.20}$$

$$\rho_{ag} = \frac{\rho_a+\rho_g}{2} \tag{3.21}$$

式中 C_{hg}——土壤显热交换的体积传递系数；

ρ_{ag}——土壤温度下的空气密度（kg/m^3）；

ρ_g——土壤表面温度下空气密度。

而土壤显热交换的体积传递系数 C_{hg} 又由近土壤层传递系数 C_{hng} 和近冠层传递系数 C_{hnf} 所决定：

$$C_{hg} = \Gamma_h[(1-\sigma_f)C_{hng}+\sigma_f C_{hnf}] \tag{3.22}$$

$$C_{hng} = r_{ch}^{-1}\left[\frac{K_v}{\ln(Z_a/Z_{o,g})}\right]^2$$

$$C_{hnf} = \left[\frac{K_v}{\ln(Z_a-Z_d/Z_{o,f})}\right]^2 \tag{3.23}$$

式中 $Z_{o,g}$ 和 $Z_{o,f}$——土壤和植物冠层的粗糙度长度；

r_{ch}——紊流施密特数（0.63）；

K_v——冯·卡门常数（0.4）。

显热交换稳定修正系数 Γ_h 由理查德逊数 R_{ib} 计算得出（Lumley et al.，1964）：

$$\Gamma_h = \begin{cases} \dfrac{1.0}{(1.0-16.0R_{ib})^{0.5}} & R_{ib}<0 \\ \dfrac{1.0}{(1.0-5.0R_{ib})} & R_{ib}>0 \end{cases} \tag{3.24}$$

$$R_{ib} = \frac{2gZ_a(T_{af}-T_g)}{(T_{af}+T_g)W_{af}^2} \tag{3.25}$$

2）土壤层潜热交换

从土壤表面蒸发的水分取决于土壤表面与冠层内空气混合比的差值以及冠层内的风速。潜热通量由下式给出：

$$L_g = C_{e,g} l_g W_{af} \rho_{ag} (q_{af} - q_g) \tag{3.26}$$

$$q_g = M_g q_{g,sat} + (1 - M_g) q_{af} \tag{3.27}$$

式中 $C_{e,g}$——土壤层的潜热传递系数；

l_g——土壤表面温度下的汽化潜热；

q_{af}——冠层内空气混合比；

q_g——土壤表面的空气混合比。

潜热体积传递系数 $C_{e,g}$ 与显热体积传递系数类似：

$$C_{e,g} = \Gamma_e [(1 - \sigma_f) C_{eng} + \sigma_f C_{hnf}] \tag{3.28}$$

式中 C_{eng}——近地面潜热体积传递系数；

Γ_e——潜热交换稳定修正系数。

3.3 通风能量平衡模型

夜间通风则与室内外温差、昼夜温差、通风量、建筑围护结构蓄热性紧密相关。目前，在节能领域关于夜间通风能耗模拟已经较为成熟，相关建筑规范也很详尽，在 EnergyPlus 模拟软件中，把通风定义为将室外空气以一定的气流组织方式直接送入指定房间以提供非空调方式的冷量（DOE，2016d)。通风数学模型可表示为由室内外温度和风速以及设计通风量、工作时间组成的方程式（3.29)：

$$Ventilation = V_{design} \cdot F_{schedule} [A + B |T_{zone} - T_{odb}|] + C \cdot WindSpeed + D \cdot WindSpeed^2 \tag{3.29}$$

式中 V_{design}——设计通风量；

$F_{schedule}$——通风时间；

T_{zone}——室内温度；

T_{odb}——室外空气干球温度；

$WindSpeed$——室外风速。

式（3.29）中的系数在 EnergyPlus 的默认值为 1，0，0，0，在 DOE-2 中为 0，0，0.224，0。因为 T_{odb} 和 $WindSpeed$ 都与高度相关，EnergyPlus 内置计算器将按建筑高度进行预计算后再用于通风计算。

3.4 EnergyPlus 中绿化屋顶及夜间通风的参数设置

在使用 EnergyPlus 模拟绿化屋顶能耗时需要定义绿化屋顶的特性参数，见表 3.1。

绿化屋顶的特性参数设置（Sailor，2008）　　表 3.1

参数名称	含义	取值范围
Height of plants	植物高度（m）	0.01～1
Leaf area index	叶面积指数 LAI	0.0001～5
Leaf reflectivity	叶片发射率	—

续表

参数名称	含义	取值范围
Leaf emissivity	叶片发射率	—
Minimum stomatal resistance	最小气孔阻力（s/m）	50～300.0
Name of the soil layer	土壤层名称	用户自定义
Roughness	粗糙度	VeryRough、Rough、MediumRough、MediumSmooth、Smooth、VerySmooth
Thickness	土壤层厚度（m）	—
Conductivity	干燥土壤的导热系数［W/(m·K)］	—
Density	干燥土壤的密度（kg/m^3）	—
Specific heat	干燥土壤的比热容［J/(kg·K)］	—
Absorptance：thermal	干燥土壤的长波辐射吸收率	—
Absorptance：solar	干燥土壤的太阳辐射吸收率	—
Absorptance：visible	土壤的可见波辐射吸收率	—
Saturation volume moisture content of soil layer	土壤饱和状态体积含水量（m^3/m^3）	<0.5
Residual volume moisture content of soil layer	土壤剩余体积含水量（m^3/m^3）	0.01～0.1
Initial volume moisture content of soil layer	土壤初始状态体积含水量（m^3/m^3）	<0.5

表 3.1 中关于土壤热特性的参数均要求输入干燥土壤的数值，是 Sailor 等人（2008）在以往的研究中通过一系列实验得到干燥土壤与湿润土壤热导率的线性回归公式，因此 EnergyPlus 在进行运算时会根据设置的降水量或灌溉量模拟得到湿润土壤的各项热特性值。

EnergyPlus 中，关于夜间通风的设置较为简单，只需在软件选项“Field：Design Flow Rate Calculation Method”中选择输入计算通风量的方式及通风量数值即可。计算通风量的方式有：单位体积通风量（Flow/Zone）、单位面积通风量（Flow/Area）、单位人员通风量（Flow/Person）、单位时间换气次数（Air Changes/Hour）等。本书采用单位时间换气次数（Air Changes/Hour）为计算方式。此外，需在“Schedule：Compact”中建立通风 Schedule，并设置夜间通风时间段。本书的夜间通风时间段为 21：00～8：00。

3.5 模型建立与参数设置

在进行能耗模拟前须对绿化屋顶与夜间通风联合作用的模型进行验证，以确保模拟的可靠性。本书以第 2 章的绿化屋顶和裸屋顶实验箱为原始模型，按照实验箱的实际尺寸和构造建立几何模型。为保证 2 个实验箱东西向遮挡一致，实验时在东西向增设了 2 个垂直挡板，在模拟所用的几何模型中也在相应位置设置了遮阳挡板。此外，在 2 个实验箱北向的红砖房也作为遮阳体块在几何模型中体现出来，如图 3.1 所示。

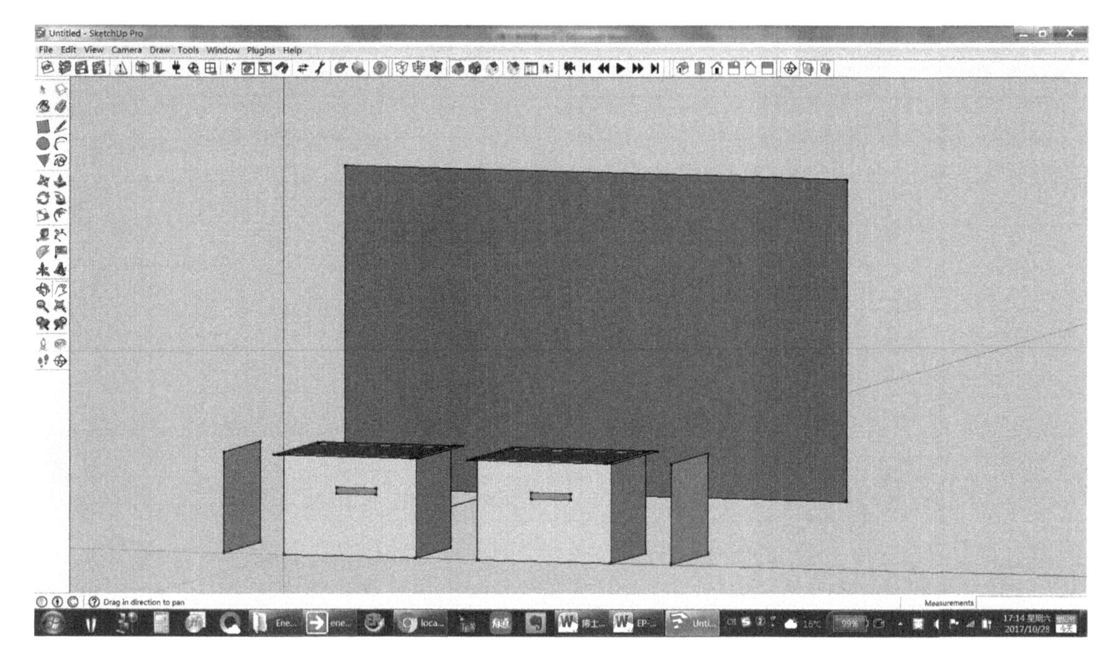

图 3.1 模拟实验箱建筑模型图

本书采用 2016 年夏季对全封闭工况的实验数据与模拟结果进行对比。2 个实验箱围护结构热工参数按第 2 章实际情况进行设置（表 3.2），落地生根绿化屋顶的参数设置见表 3.3，模拟时段的天气文件采用实验期间小型气象站测量的数据。

实验箱围护结构材料特性参数设置 **表 3.2**

			厚度 (m)	导热系数 [W/(m·K)]	密度 (kg/m^3)	比热容 [J/(kg·K)]
裸屋顶		水泥砂浆抹灰	0.02	0.93	1800	1050
		聚乙烯泡沫保温板	0.046	0.03	20	1380
		钢筋混凝土板	0.1	1.95	2500	920
绿化屋顶	外墙（南墙仅有聚乙烯泡沫板）	黏土砖	0.12	1.00	1700	1050
		聚乙烯泡沫保温板	0.05	0.03	20	1380
	地面	黏土砖	0.12	1.00	1700	1050
		聚乙烯泡沫保温板	0.01	0.03	20	1380

注：绿化屋顶设置见表 3.3。

绿化屋顶的特性参数设置 **表 3.3**

参数名称	含义	取值
Height of plants	植物高度（m）	0.5
Leaf area index	叶面积指数 LAI	5
Leaf emissivity	叶片发射率	0.9

续表

参数名称	含义	取值
Leaf reflectivity	叶片反射率	0.3
Minimum stomatal resistance	最小气孔阻力（s/m）	180
Roughness	粗糙度	Rough
Thickness	土壤层厚度（m）	0.05
Conductivity	干燥土壤的导热系数 [W/(m·K)]	0.4
Density	干燥土壤的密度（kg/m^3）	641
Specific heat	干燥土壤的比热容 [J/(kg·K)]	1100
Absorptance：thermal	干燥土壤的长波辐射吸收率	0.8
Absorptance：solar	干燥土壤的太阳辐射吸收率	0.7
Absorptance：visible	土壤的可见波辐射吸收率	0.3
Saturation volume moisture content of soil layer	土壤饱和状态体积含水量（m^3/m^3）	0.4
Residual volume moisture content of soil layer	土壤剩余体积含水量（m^3/m^3）	0.01
Initial volume moisture content of soil layer	土壤初始状态体积含水量（m^3/m^3）	0.2

3.6 数值模型验证

为验证数值模型的准确性，本书选取 2016 年 10 月 2 个实验箱全封闭工况的实验数据与模拟数值进行对比，实验相关情况见本书第 2 章。模拟采用放置于实验箱附近的小型气象站获取的气象数据作为模拟中的天气文件，根据实验箱材料、绿化植物特性对 EnergyPlus 能耗模拟软件中相关模块进行设置。由此得到了裸屋顶和绿化屋顶实验箱屋顶内表面温度（T_{is}）、屋顶外表面温度（T_{es}）、室内空气温度（T_{in}）、屋顶内表面热流（H_{is}）以及绿化屋顶叶片温度（T_f）的模拟值。实验测量值和模拟计算结果的对比如图 3.2及图 3.3 所示。

为了对模拟结果进行定量误差分析，本书引入了统计学指标平均偏差（MBE）和均方根误差（RMSE），对实测和模拟一天 24h 对应的温度及热流数值进行计算，其计算公式见式（3.30）～式（3.33）。MBE 为正值表示模拟结果高于实验数据，MSE 为负值表示模拟结果低于实验数据；而 RMSE 则反映模拟值与实验数据的接近程度。误差分析结果见表 3.4 及表 3.5。

$$RMBE = \sqrt{\frac{\sum_{i=1}^{n}(X_{sim,i} - X_{exp,i})^2}{n}} \tag{3.30}$$

$$RMBE(\%) = \frac{RMBE}{\overline{X}_{exp}} \times 100\% \tag{3.31}$$

$$MBE = \frac{\sum_{i=1}^{n}(X_{sim,i} - X_{exp,i})}{n} \tag{3.32}$$

$$MBE(\%) = \frac{MBE}{\overline{X}_{exp}} \times 100\% \tag{3.33}$$

式中　$X_{exp,i}$——第 i 小时实验测量值；

$X_{sim,i}$——第 i 小时模拟值；

$\overline{X}_{exp}$——一天 24h 实验测量平均值；

n——24h。

由图 3.2、图 3.3 及表 3.4、表 3.5 可见，采用 EnergyPlus 模拟得到的结果与实验测量值吻合度很高，且变化趋势相似。其中，裸屋顶外表面温度（T_{es}）、室内温度（T_{in}）及绿化屋顶叶片温度（T_f）的模拟值略低于测量值（平均偏差 MBE 为负）。对于裸屋顶，屋顶内表面温度（T_{is}）、外表面温度（T_{es}）、室内空气温度（T_{in}）均方根误差 RMSE 在 0.8～3.0℃（2.5%～9.9%），平均偏差 MBE 为－1.8～0℃（－6.1%～0.2%）；屋顶内表面热流（H_{is}）均方根误差 RMSE 为 3.3 W/m²（9.3%），平均偏差（MBE）为 1.3W/m²（－3.5%）。对于绿化屋顶，屋顶内表面温度（T_{is}）、叶片温度（T_f）、室内空气温度（T_{in}）均方根误差 RMSE 为 1.1～1.2℃（3.7%～4.4%），平均偏差 MBE 为－0.9～0.6℃（－3.2%～2.3%）；屋顶内表面热流（H_{is}）均方根误差 RMSE 为 3.4W/m²（11.6%），平均偏差（MBE）为 0.7W/m²（2.3%）。

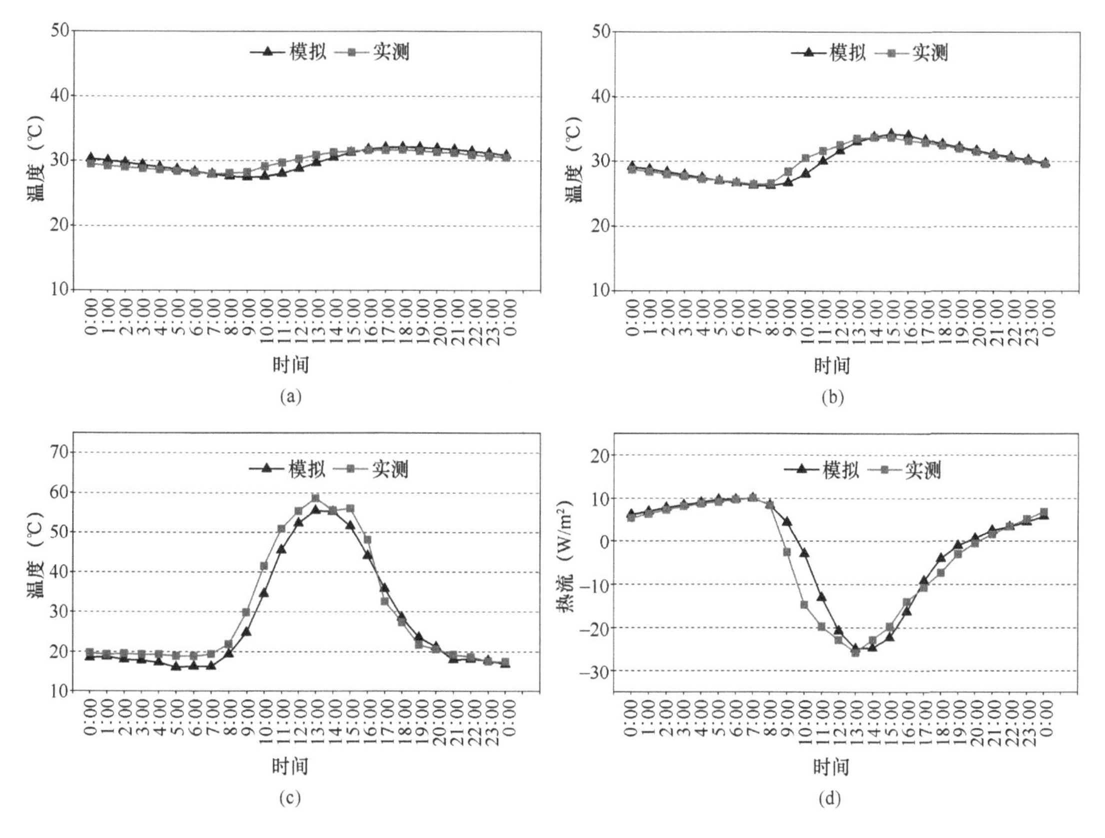

图 3.2　裸屋顶实验箱全封闭工况的模拟与实测数据比较

(a) 屋顶内表面温度；(b) 室内空气温度；(c) 屋顶外表面温度；(d) 屋顶内表面热流量

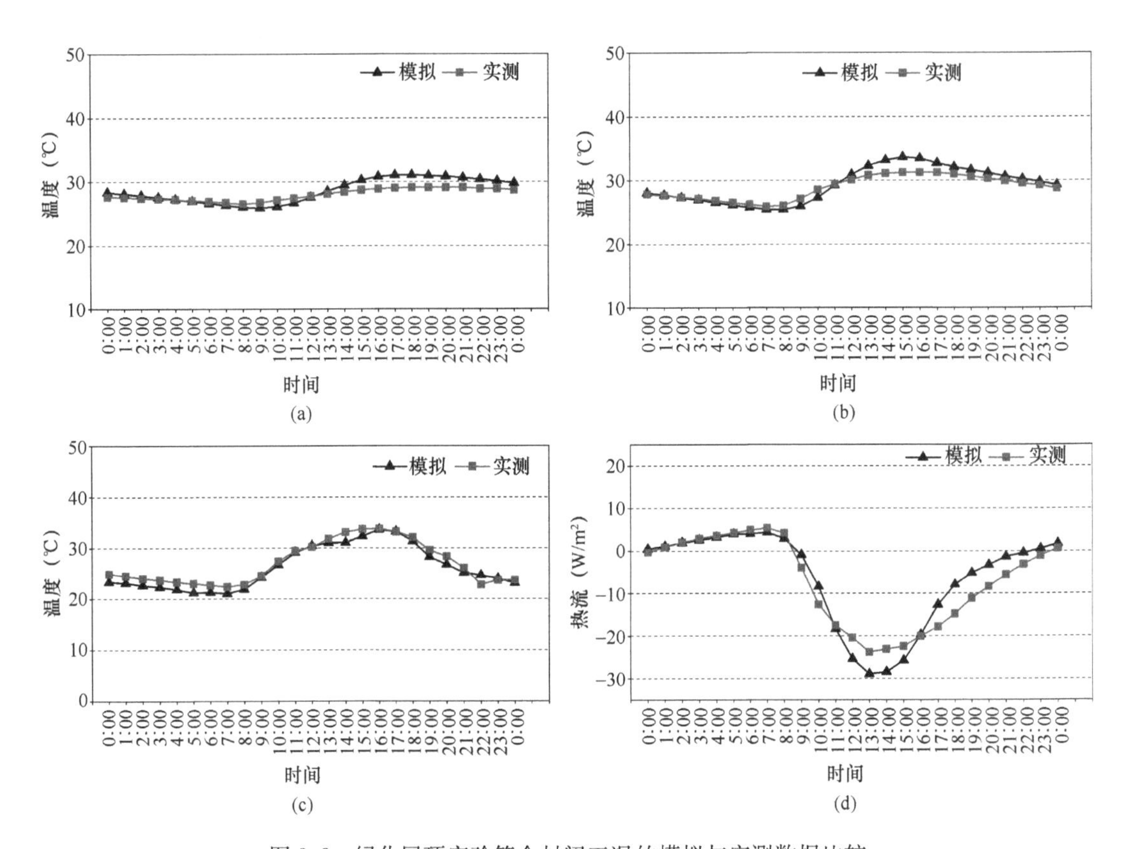

图 3.3 绿化屋顶实验箱全封闭工况的模拟与实测数据比较

(a) 屋顶内表面温度；(b) 室内空气温度；(c) 叶片表面温度；(d) 屋顶内表面热流量

裸屋顶实测与模拟温度及热流数据统计分析 **表 3.4**

	T_{is} (℃)	T_{es} (℃)	T_{in} (℃)	H_{is} (W/m²)
RMBE	0.8	3.0	0.8	3.3
RMBE (%)	2.5	9.9	2.5	9.3
MBE	0.0	−1.8	−0.1	1.3
MBE (%)	0.2	−6.1	−0.4	3.5

绿化屋顶实测与模拟温度及热流数据统计分析 **表 3.5**

	T_{is} (℃)	T_{f} (℃)	T_{in} (℃)	H_{is} (W/m²)
RMBE	1.1	1.2	1.1	3.4
RMBE (%)	4.1	4.4	3.7	11.6
MBE	0.6	−0.9	0.4	0.7
MBE (%)	2.3	−3.2	1.6	2.3

可见，除绿化屋顶内表面热流的均方根误差为 11.6%，其他温度及热流的模拟值与测量值的均方根误差和平均偏差均在 10%以内。这主要是由于实验条件和仪器的限制，模拟需要输入的有关 Ecoroof 模型的相关参数并不能完全通过实验测量获得，例如叶面积指数 LAI 和气孔阻力，本书采用了 EnergyPlus 软件推荐的相关参数。如果能获得这些参数的测量值，将进一步减小实验与模拟数值的偏差。

通过对实验数据和模拟结果的验证，认为该模型可合理反映实际情况，能可靠预测绿化屋顶和夜间通风相结合的被动式节能系统的热工性能。因此，该模型可以有效应用于影响热工性能的敏感性分析中。

3.7 影响夜间通风及绿化屋顶各设计参数的敏感性分析

如前文所述，绿化屋顶的隔热降温效果则由植物层、土壤层以及保温层决定，而夜间通风主要受室外气候条件、换气次数、房间内表面蓄热能力的影响。要使绿化屋顶与夜间通风相结合的系统发挥良好的作用，最根本的做法是夜间让屋顶内表面充分放热（吸冷），再由夜间通风将热量带到室外；白天让其充分吸热（放冷），再由屋顶绿化将热量吸收。

由于实验条件的限制，本书实验部分只对特定植物、特定土壤厚度及通风量下的热工参数进行了测量，还不足以找出各影响参数与室内温度及屋顶传热的关系。并且由于实验受室外气候的影响显著，虽尽量选择气象条件相同的晴天进行实验，但仍不能使各工况天气情况完全相同。采用 EnergyPlus 软件则可以使用同一气象数据对不同工况进行模拟，还可有选择性地针对不同的气候条件进行数值计算。此外，通过实验发现，绿化屋顶在白天的隔热效果明显，而夜间通风的降温能力并没有充分发挥，这可能是由于实验箱墙体保温隔热性能较弱，使过多热量进入室内，而夜间通风蓄存的冷量大部分用于抵消墙体进入的热量。通过模拟可改善墙体隔热性能，使屋面板蓄存的冷量能最大限度降低室内温度，改善室内热环境。

鉴于以上原因，本章采用在本书 3.5 节建立并通过实验数据验证的模型，对影响夜间通风及绿化屋顶的各主要要素（墙体热工性能、房间换气次数、叶面积指数 LAI、土壤层厚度、灌溉量、植物高度、屋顶蓄热性能、昼夜温差等）分别进行数值模拟，寻找这些参数与室内热环境之间的关系，为房间通风、屋顶构造、植物种类、土壤厚度、灌溉方式的设计提供更多的参考依据（图 3.4）。

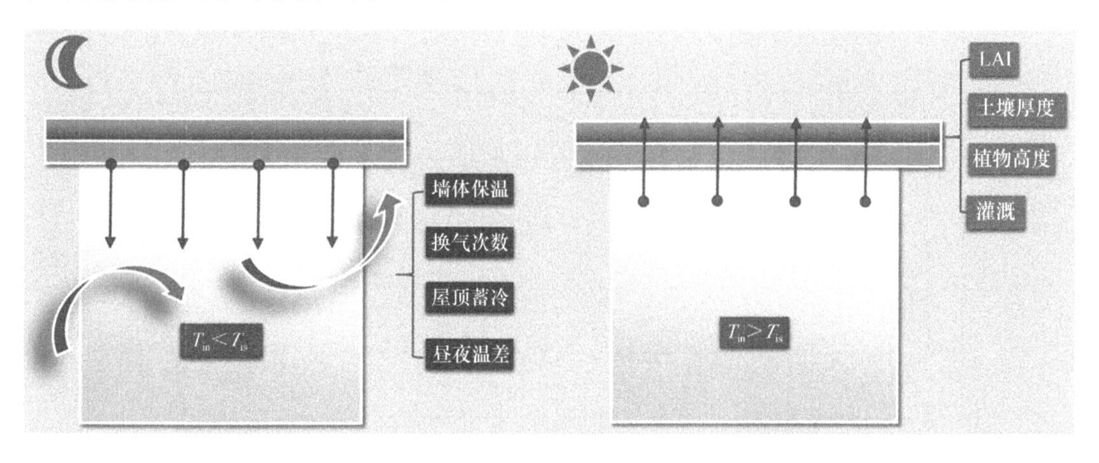

图 3.4 夜间通风工况下的绿化屋顶被动式降温策略

本书第 2 章提出评价指标屋顶温差比率 RTDR，用于衡量各参数对屋顶内表面温度的影响，进而评价夜间通风作用下屋顶绿化的降温效果。同时为了反映夜间通风和绿化屋顶在屋顶内表面传热中占的比重，在本章也采用第 2 章提出的屋顶内表面放吸热比 *RHR* 作为评价指标。

模拟中采用了由清华大学和中国气象局共同开发的气象数据CSWD，根据其提供的重庆市区的典型气象年逐时数据结合EnergyPlus软件用于建筑热工计算及能耗模拟。由于夜间通风很大程度上受到气候条件，因此本书对CSWD气象数据中昼夜温差在6～9月每月最高温度、最低温度、相对湿度进行了统计分析，见表3.6。其中7月、8月的月平均气温最高，分别为28.1℃及27.6℃；7月最高气温为36.6℃，最低22.2℃；8月最高气温为37.7℃，最低19.7℃。6～9月的相对湿度较为接近，其平均相对湿度36%～92%，其中7月、8月略低于6月、9月。因此本书选择了平均温度最高月中昼夜温差较大的7月10日（此处不加年，因该气象数据采用多年平均气温，后同）的气象数据作为计算日，其太阳辐射、温湿度、风速如图3.5所示。

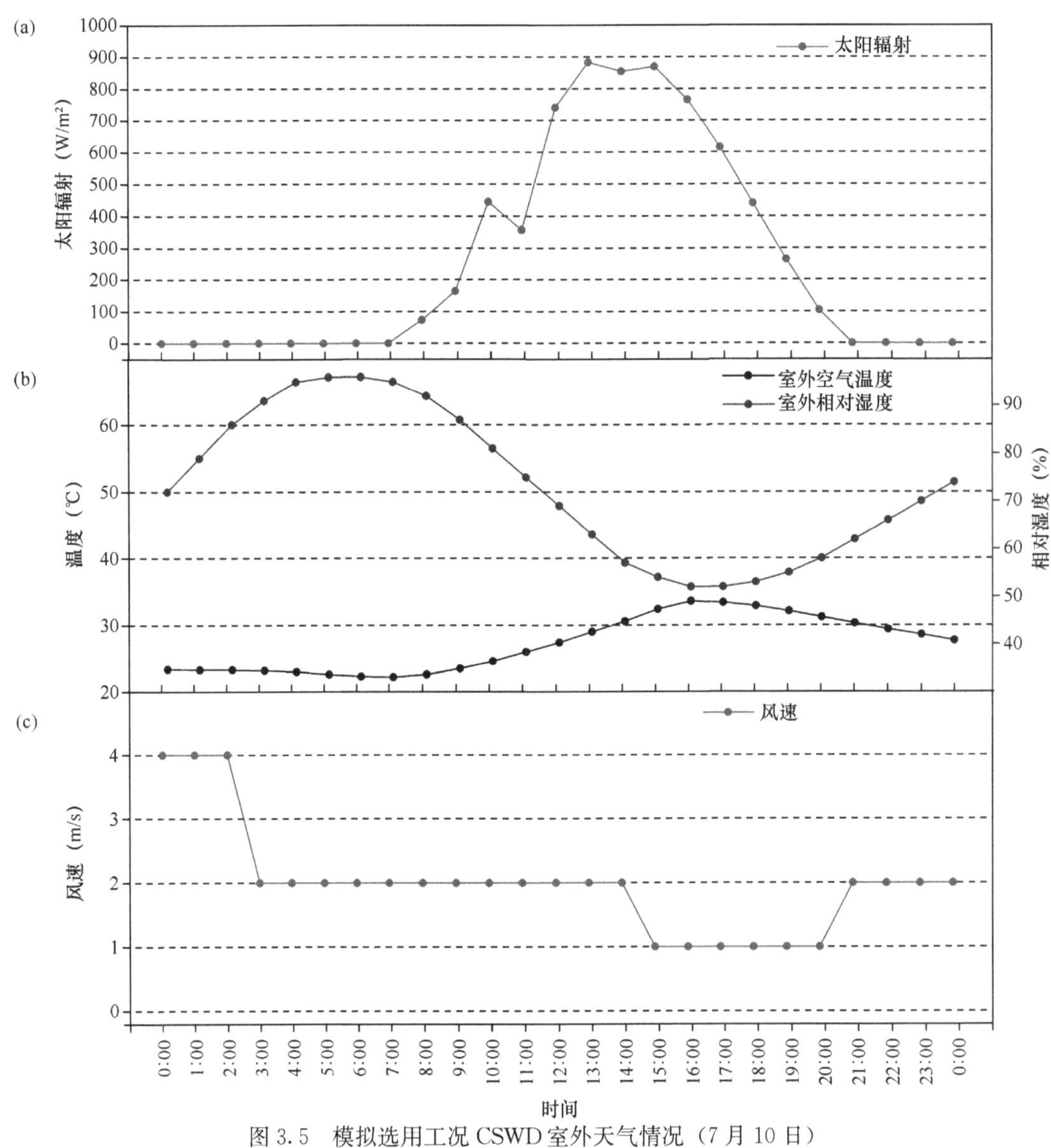

图3.5 模拟选用工况CSWD室外天气情况（7月10日）

(a) 太阳辐射；(b) 室外空气温湿度；(c) 室外平均风速

CSWD 气象数据中 6～9 月室外空气温湿度统计表 表 3.6

	6月			7月			8月			9月		
	最小	最大	平均	最小	最大	平均	最小	最大	平均	最小	最大	平均
温度（℃）	18.2	34.9	25.2	22.2	36.6	28.1	19.7	37.7	27.6	18.5	34.5	24.2
相对湿度（%）	40.0	93	82.2	39.0	91.0	78.1	36.0	90.0	76.7	44.0	91.0	81.6

3.7.1 外墙的影响

通过第 2 章实验分析发现，绿化屋顶在白天的隔热效果明显，降温能力在夜间通风时段较为明显，但白天关闭通风后其蓄冷降温能力并没有充分发挥。这可能是由于实验箱墙体保温隔热性能较弱，特别是实验箱南墙实际为方便放置仪器，仅用聚乙烯泡沫彩钢板作为可开启门，并无砖墙结构，造成白天过多热量进入室内，而夜间通风蓄存的冷量大部分用于抵消由墙体进入的热量。为此，本节将研究墙体保温隔热性能对绿化屋顶蓄冷降温能力的影响。

为研究外墙热工性能对夜间通风与绿化屋顶结合系统的影响，本书对原实验箱外墙进行了优化，在南墙的聚乙烯彩钢板外侧增加砖墙，与其他三面外墙构造相同。为研究不同保温情况的外墙对夜间通风作用下绿化屋顶的影响，在此基础上，通过增加保温层厚度进行了模拟（表 3.7）。实验箱其他构造仍按本书 3.5 节进行设置，Ecoroof 采用表 3.3 数据。夜间通风时间由室内外温差决定：当室外温度小于室内温度时开启通风，换气次数为 20 次/h。得到一天 24h 实验箱室内温度、屋顶内表面温度、热流的计算值。同时按式（2.12）和式（2.13）计算得出屋顶温差比率 RTDR 和屋顶内表面放吸热比 RHR，量化夜间通风工况下绿化屋顶降温效果及夜间通风和绿化屋顶在屋顶内表面传热中占的比重，从而研究墙体保温隔热性能对绿化屋顶蓄冷降温效果的影响。

不同保温外墙体构造 表 3.7

外墙类型	原墙体（南墙仅有泡沫板）	墙 1	墙 2	墙 3
构造层次	黏土砖 0.05m 聚乙烯泡沫保温板	黏土砖 0.05m 聚乙烯泡沫保温板	黏土砖 0.06m 聚乙烯泡沫保温板	黏土砖 0.08m 聚乙烯泡沫保温板
总传热系数 [W/(m²·K)]	东西北墙 0.511，南墙 0.551	0.511	0.436	0.338

图 3.6 给出了实验箱原外墙和将南墙加砖墙并增加保温层厚度后，绿化屋顶实验箱在夜间通风作用下屋顶内表面温差比率 RTDR 的变化曲线。可以看出，在南墙加砖墙后 RTDR 明显增大，说明增强外墙热惰性可增强墙体的蓄热能力，减小室内热环境的波动。同时随着墙体传热系数的降低（热阻增大），RTDR 随之增大。说明增大外墙热阻，有利于改善房间的热环境，使夜间通风作用下的绿化屋顶发挥更好的降温效果。

表 3.8 为屋顶内表面放吸热比 RHR，可见增强南墙热惰性后放吸热比明显增大，在此基础上增强外墙保温，使得放吸热比继续增加。因此，外墙的热惰性和保温性对夜间通风作用下的屋顶绿化有着极大的影响，当外墙保温性能足够好时，可明显增大内表面在夜间通风时段屋顶的放热（蓄冷）能力，从而使更多冷量蓄存在屋顶内，待次日降低室内温

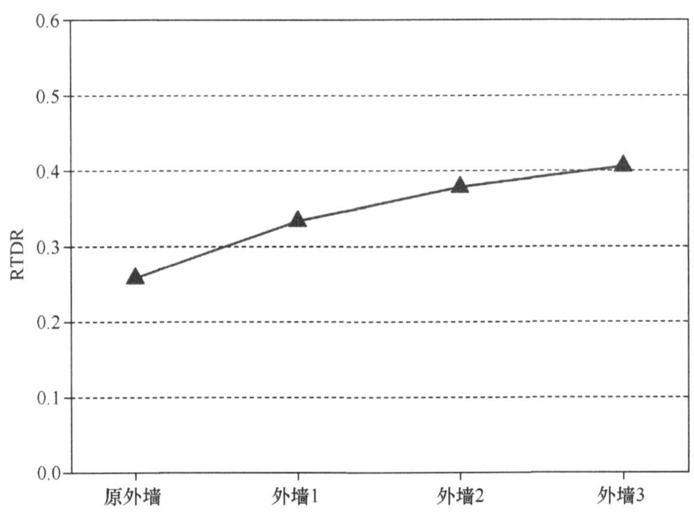

图 3.6 在不同外墙构造下的 RTDR 变化曲线

度，改善室内热环境。

不同外墙构造的 RHR **表 3.8**

外墙	RHR
原外墙	0.14
外墙 1	0.90
外墙 2	1.17
外墙 3	1.43

图 3.7 为采用原实验箱外墙以及将南墙的聚乙烯彩钢板外侧增加砖墙、改变保温层厚度后，绿化屋顶室内温度、内表面温度及热流在 7 月 10 日全天的小时变化曲线。屋顶内表面热流为正表示热量由屋顶内表面流向室内，即屋顶放热（吸冷），屋顶内表面热流为负则表示热量由室内流向屋顶内表面，即屋顶吸热。从中可以看出，当南墙无砖墙蓄热体时，在凌晨室内温度及屋顶内表面温度最低，但白天温度明显高于其他三种构造的墙体。在增加南墙蓄热体后，随着保温层的增厚，室内和屋顶的温度都随之下降。说明增强墙体的蓄热和保温更有利于发挥夜间通风作用下屋顶绿化的降温效果。

对轻、中、重型外墙在夜间通风换气次数为 20 次/h 的模拟中发现，增强墙体保温后，室内温度相比原实验箱保温不足时有明显降低，使夜间通风时段屋顶内表面吸冷量增加，且重型墙体室内峰值温度在白天最低。但因为室内温度得到有效降低，使其与屋顶内表面温度的温差缩小，即白天绿化屋顶作为冷源吸收室内热量的能力不足，因此在白天时段并没有充分体现屋顶内表面释冷降温的效果。这有两方面原因：

（1）绿化屋顶隔热降温能力有待提高。

（2）屋顶蓄冷能力不足，在夜间没有蓄存足够的冷量用于白天释放。

如前文所述，植物层、土壤层、保温层、结构层是构成绿化屋顶的四大要素。其中植物是有生命的，能进行光合作用和蒸腾作用，其植物叶面积指数 LAI 和高度不同对室内的热环境具有一定的影响；土壤层除了阻挡太阳辐射对屋顶的直接照射，还可以蓄存热量

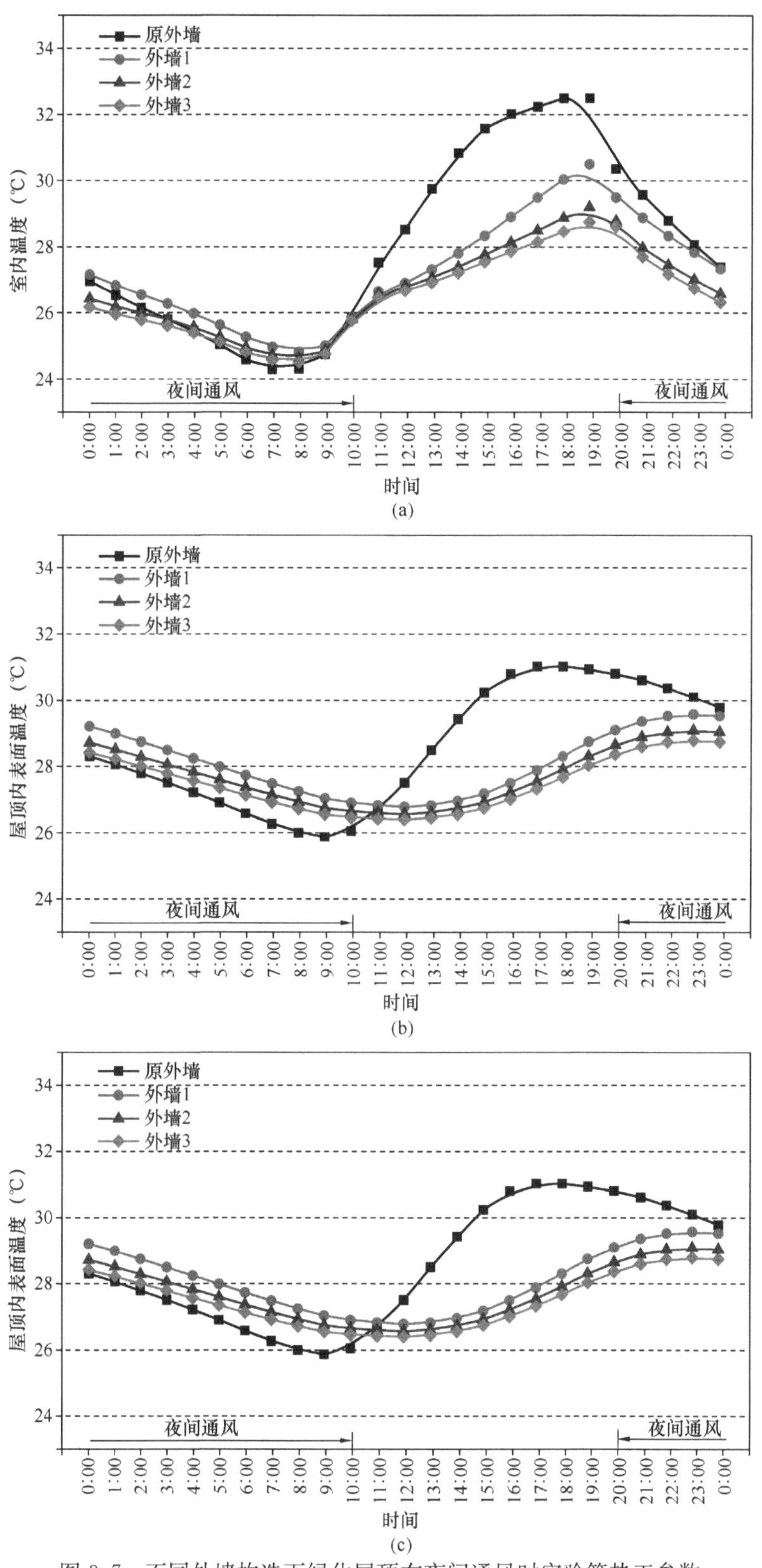

图 3.7 不同外墙构造下绿化屋顶在夜间通风时实验箱热工参数

(a) 室内温度对比；(b) 屋顶内表面温度对比；(c) 热流对比

和冷量，对于不同含水量的土壤其蒸发降温的效果也会不同；保温层对于非绿化屋顶是必要的隔热保温手段，但对于绿化屋顶，表 1.6 所列学者的研究认为可能会削弱隔热效果（Squier et al.，2016；Silva et al.，2016；Bevilacqua et al.，2016；La Roche et al.，2014；Moody et al.，2013；Niachou et al.，2001），所以本书所讨论的绿化屋顶不含保温层；而结构层的蓄热性能对夜间通风的效果影响显著。这使得绿化屋顶成为一类特殊的具有动态特性的屋顶材料。因此，不能将其视为简单的隔热材料，特别是在与夜间通风结合后，如何利用其白天的隔热作用同时兼顾夜间蓄冷能力成为本书研究的重点。本章以下小节将对植物特性、屋面板蓄热性能、土壤厚度及含水量几个方面进行深入研究。

3.7.2 换气次数的影响

在 EnergyPlus 软件中对夜间通风换气次数进行设置（软件参数 ACH=0 次/h，5 次/h，10 次/h，15 次/h，20 次/h，30 次/h），外墙选用表 3.7 中的墙 3，其他参数仍按表 3.2 及表 3.3 进行设置，得到不同夜间通风换气次数下绿化屋顶房间一天 24h 室内温度、屋顶内表面温度及热流量的计算值（图 3.8）。同时，按式（2.12）和式（2.13）计算得出

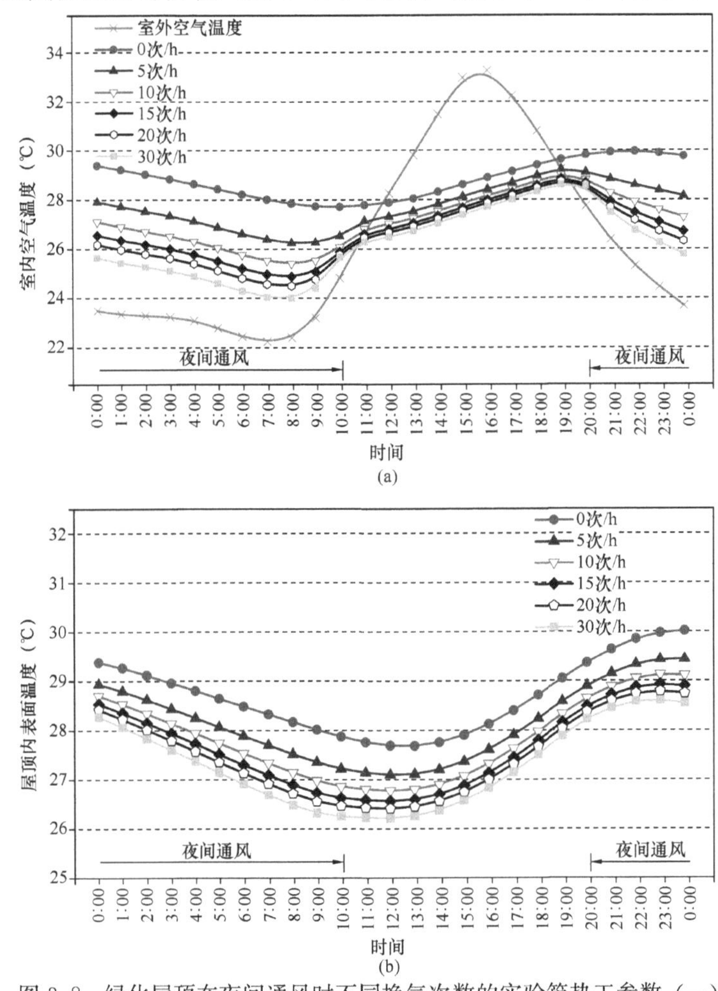

图 3.8 绿化屋顶在夜间通风时不同换气次数的实验箱热工参数（一）

（a）室内温度对比；（b）屋顶内表面温度对比

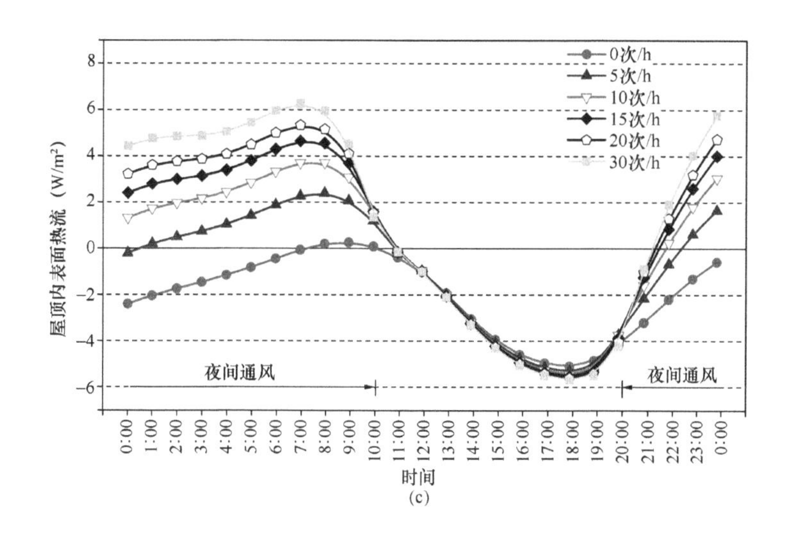

图 3.8　绿化屋顶在夜间通风时不同换气次数的实验箱热工参数（二）

（c）热流对比

屋顶温差比率 RTDR 和屋顶内表面放吸热比 RHR，来量化夜间通风工况下绿化屋顶降温效果及夜间通风和绿化屋顶在屋顶内表面传热中占的比重，从而研究换气次数对绿化屋顶蓄冷降温效果的影响。

图 3.9 给出了绿化屋顶实验箱在不同换气次数时屋顶内表面温差比率 RTDR 的变化曲线。可以看出，随着换气次数的增加，RTDR 也随之增大，特别是换气次数从 0 增加到 20 次/h 时，RTDR 曲线上升较快，但 20～30 次/h 时趋于平缓。说明换气次数增加到一定程度后，对室内的降温效果将不再明显。因此，从高效、节能的角度考虑，不能通过无限制增大换气次数来降低室温。对于本书中模拟的几种不同的换气次数，20 次/h是一个较为高效的值。为此，可合理利用自然通风使换气次数达到 20 次/h，如不能达到 20 次/h则需借助机械通风或自然与机械混合通风达到该换气次数。

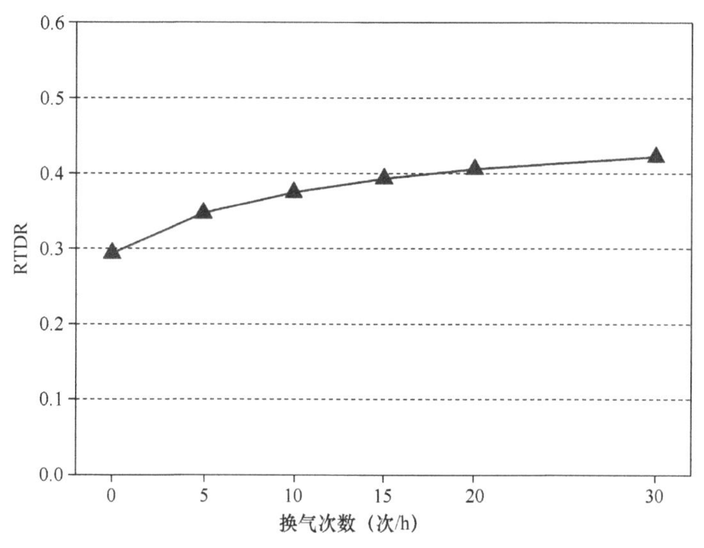

图 3.9　屋顶温差比率 RTDR 随换气次数的变化曲线

表 3.9 为不同换气次数时屋顶内表面放吸热比 RHR，可见放吸热比随着换气次数的增大而增大，即增大换气次数使夜间通风放热能力增强。当换气次数为 0 时，放吸热比仅为 0.34，当换气次数为 30 次/h 时，放吸热比达 1.79。因此，换气次数对夜间通风作用下的屋顶绿化有着极大的影响，当换气次数大于 10 次/h 时，在夜间通风时段屋顶的放热（蓄冷）能力明显增强，从而使更多冷量蓄存在屋顶内待次日降低室内温度，改善室内热环境。

不同换气次数时的 RHR **表 3.9**

换气次数（次/h）	RHR
0	0.34
5	0.40
10	0.89
15	1.22
20	1.46
30	1.79

3.7.3 叶面积指数的影响

在 EnergyPlus 软件中对 Ecoroof 模块“Material：RoofVegetation”叶面积指数 Leaf Area Index 进行设置（$LAI=1，2，3，4，5$），外墙选用表 3.7 中的墙 3，其他参数仍按表 3.2 及表 3.3 进行设置，换气次数设为 20 次/h，得到不同叶面积指数下绿化屋顶房间一天 24h 室内温度、屋顶内表面温度及热流量（图 3.11）。同时按式（2.12）和式（2.13）计算得出屋顶温差比率 RTDR 和屋顶内表面放吸热比 RHR，来量化夜间通风工况下绿化屋顶降温效果及夜间通风和绿化屋顶在屋顶内表面传热中占的比重，从而研究换气次数对绿化屋顶蓄冷降温效果的影响。

图 3.10 给出了绿化屋顶实验箱在不同换气次数时屋顶内表面温差比率 RTDR 的变化曲线。可知，增大植物叶面积指数可有利于增强降温效果，特别是叶面积指数从 1 增大到 3 时 RTDR 明显增大，随着叶面积指数的继续增加，降温效果增大程度减缓。因此，植物叶面积指数达到 3 后已经能较好地达到遮阳降温的效果。这对绿化屋顶植物的选择以及栽种最佳时期有一定的指导意义。

由图 3.11 可知，随着植物叶面积指数的增大，室内温度及屋顶内表面温度均呈下降趋势，对于白天 $LAI=1$ 和 $LAI=5$ 的室内最大温差达 1.9℃；但在夜间通风时段，由于叶面积指数的增大使得屋顶内表面温度与室内温度更为接近，由屋顶向室内的散热量会随之减小，表现为 $LAI=1$ 时夜间通风时段屋顶内表面的放热量较 $LAI=5$ 时更大。

表 3.10 为不同叶面积指数时屋顶内表面放吸热比 RHR，可见放吸热比随着叶面积指数的增大而减小，即增大叶面积指数使白天吸热能力增强。当叶面积指数为 0 时，屋顶内表面全天处于放热状态，放吸热比为无穷大；当叶面积指数为 2 时，放吸热比达 14.50，放热量远大于吸热量，房间主要靠夜间通风降温；当叶面积指数达到 3 时，放吸热比为 2.15；达到 5 时，放吸热比为 1.43，此时屋顶绿化发挥了较好的遮阳隔热降温作用，白

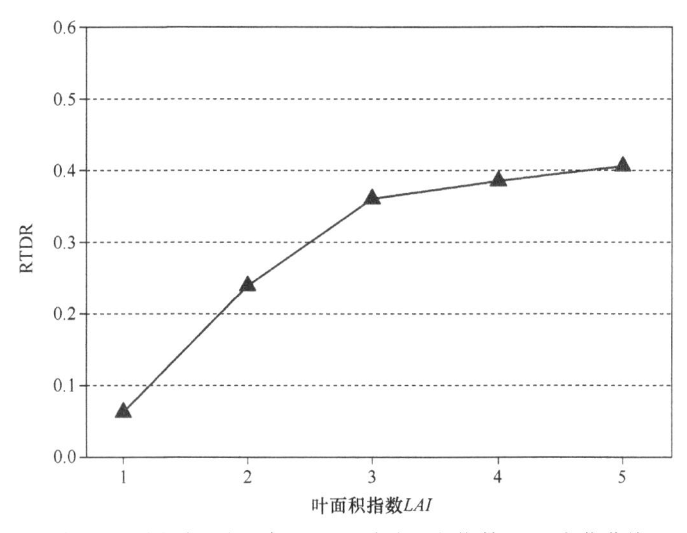

图 3.10 屋顶温差比率 RTDR 随叶面积指数 LAI 变化曲线

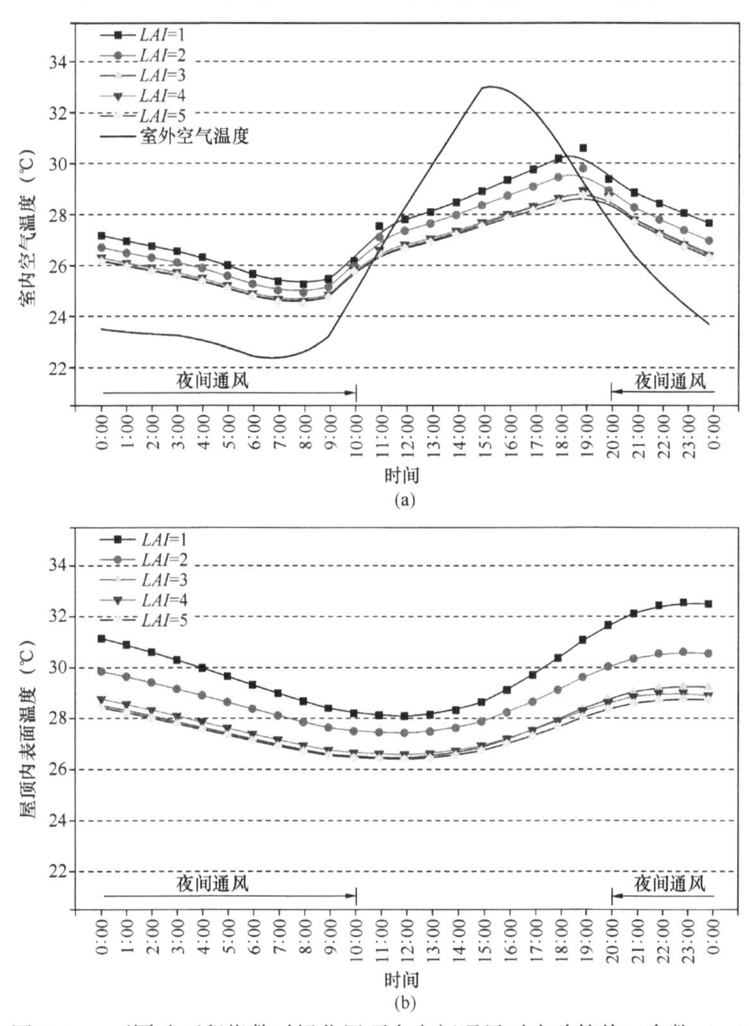

图 3.11 不同叶面积指数时绿化屋顶在夜间通风时实验箱热工参数（一）

（a）室内温度对比；（b）屋顶内表面温度对比

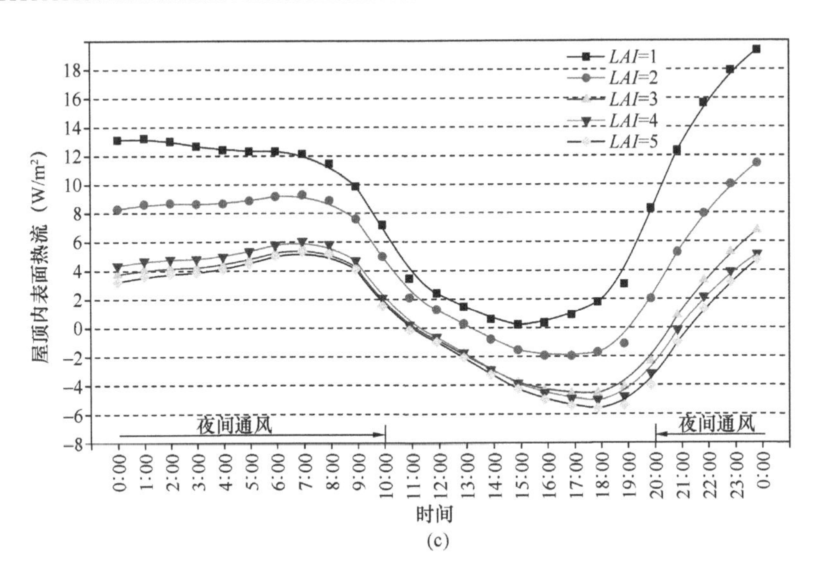

(c)

图 3.11　不同叶面积指数时绿化屋顶在夜间通风时实验箱热工参数（二）

(c) 热流对比

天的吸热量与夜间放热量比较接近，且均发挥了很好的作用。因此，叶面积指数对夜间通风作用下的屋顶绿化有着极大的影响，特别是对白天屋顶内表面的吸热（防冷）量有显著影响。当叶面积指数为 3 时，屋顶内表面在白天屋顶的吸热（防冷）能力明显增强，当叶面积指数为 5 时，屋顶内表面的吸放热量相当，无论是夜间通风时段的放热（吸冷），还是白天关闭通风时屋顶的吸热（防冷）效果均非常理想。

不同叶面积指数下的 RHR　　**表 3.10**

叶面积指数	RHR
1	∞
2	14.50
3	2.15
4	2.03
5	1.43

3.7.4　植物高度的影响

在 EnergyPlus 软件中对 Ecoroof 模块“Material：RoofVegetation”植物高度 LAI 进行设置（H=0.1m、0.2m、0.3m、0.4m、0.5m），外墙选用表 3.7 中的墙 3，其他参数仍按表 3.2 及表 3.3 进行设置，换气次数设为 20 次/h，得到不同植物高度下绿化屋顶房间一天 24h 室内温度、屋顶内表面温度及热流量（图 3.13）。同时按式（2.12）和式（2.13）计算得出屋顶温差比率 RTDR 和屋顶内表面放吸热比 RHR，来量化夜间通风工况下绿化屋顶降温效果及夜间通风和绿化屋顶在屋顶内表面传热中占的比重，从而研究换气次数对绿化屋顶蓄冷降温效果的影响。

图 3.12 给出了绿化屋顶实验箱在不同换气次数时屋顶内表面温差比率 RTDR 的变化

曲线。增大植物高度，RTDR 仅从 0.41 下降到 0.39，可见植物高度对房间降温效果的影响可忽略。因此，在选择绿化屋顶植物时，应主要考虑植物的叶面积指数，即覆盖率大且垂直方向叶片层数多的植物。植物过高，冠层内温度在白天受室外温度影响反而会增加，不利于房间降温。

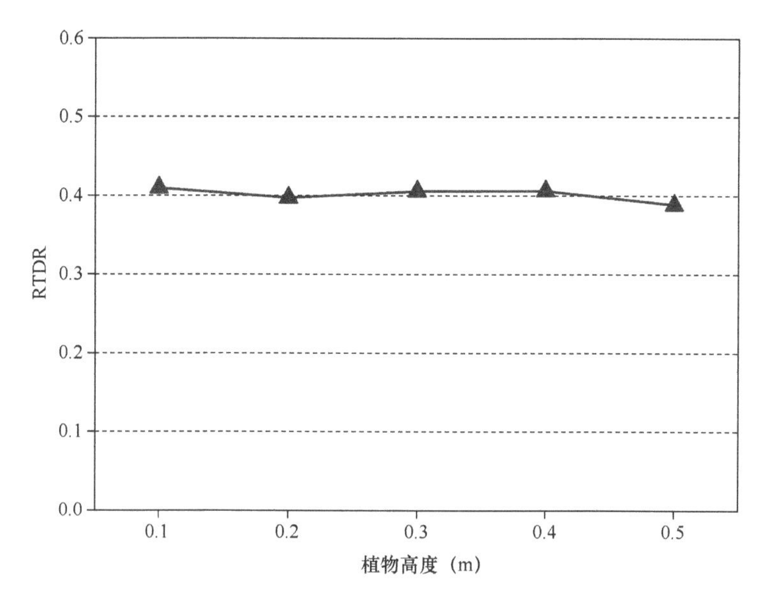

图 3.12　屋顶温差比率 RTDR 随植物高度变化曲线

由图 3.13 可知，随着植物高度的增加，室内温度、屋顶内表面温度略有增加，特别是植物高度为 0.1～0.4m 时，屋顶内表面最大温度在 28.73～28.77℃之间波动，当植物高度增加到 0.5m 时，屋顶内表面最高温度增大到 28.97℃。室内温度也有相同的现象。总的来说，植物高度对室内及屋顶内表面温度、热流的影响较小，相比之下叶面积指数 LAI 对室内热环境的影响更为显著。

表 3.11 为不同叶面积指数时屋顶内表面放吸热比 RHR，可见放吸热比随着植物高度的增大而增大，即增加植物高度使屋顶绿化的吸热能力减弱。当植物高度在 0.1～0.4m 时，RHR 变化较小（1.29～1.45），但当植物高度增加到 0.5m 时，RHR 明显增大到 2.17。因此，当植物高度小于 0.4m 时对屋顶绿化的降温效果影响可忽略不计，但当植物高度增大到 0.5m 时，屋顶绿化在白天的吸热能力明显减弱。

不同植物高度下的 RHR　　**表 3.11**

植物高度（m）	RHR
0.1	1.29
0.2	1.65
0.3	1.43
0.4	1.45
0.5	2.17

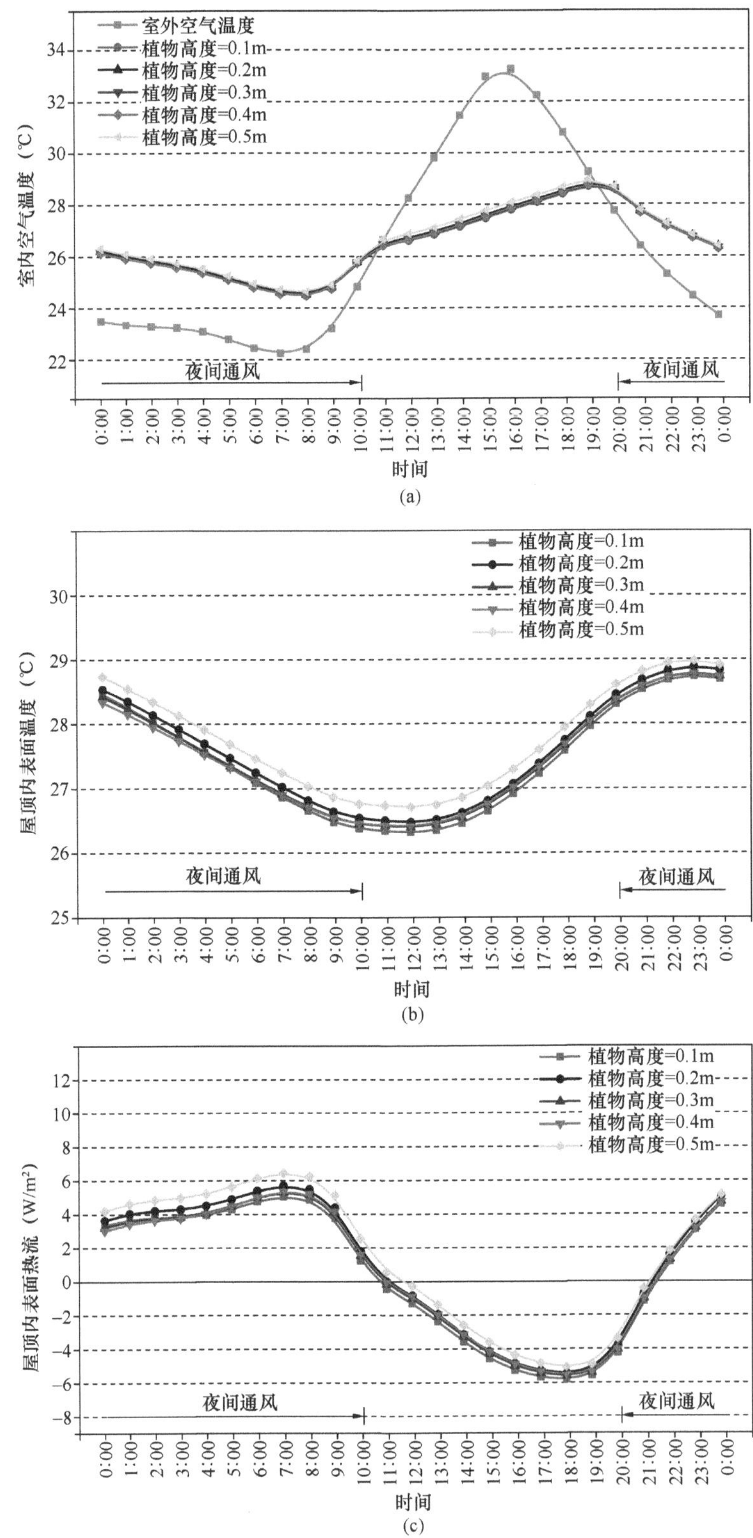

图 3.13　植物高度变化时绿化屋顶在夜间通风时实验箱热工参数

(a) 室内温度对比；(b) 屋顶内表面温度对比；(c) 热流对比

3.7.5 土壤厚度

在 EnergyPlus 软件中对 Ecoroof 模块“Material：RoofVegetation”土壤厚度 Soil thickness 进行设置（Thickness＝0.1m，0.15m，0.2m，0.25m，0.3m），外墙选用表 3.7 中的墙 3，其他参数仍按表 3.2 及表 3.3 进行设置，换气次数设为 20 次/h，得到不同土壤厚度时绿化屋顶房间一天 24h 室内温度、屋顶内表面温度及热流量（图 3.15）。同时，按式（2.12）和式（2.13）计算得出屋顶温差比率 RTDR 和屋顶内表面放吸热比 RHR，来量化夜间通风工况下绿化屋顶降温效果及夜间通风和绿化屋顶在屋顶内表面传热中占的比重，从而研究换气次数对绿化屋顶蓄冷降温效果的影响。

图 3.14 给出了绿化屋顶实验箱在不同土壤厚度时屋顶内表面温差比率 RTDR 的变化曲线。可知，增大土壤厚度有利于增强降温效果，特别是土壤厚度从 0.1m 增大到 0.25m 时，RTDR 曲线增速较快。随着土壤厚度的继续增加，降温效果增大程度减缓。土壤厚度达到 0.25m 后已经能较好地达到遮阳降温的效果。这对确定绿化屋顶植物的厚度有一定的指导意义。

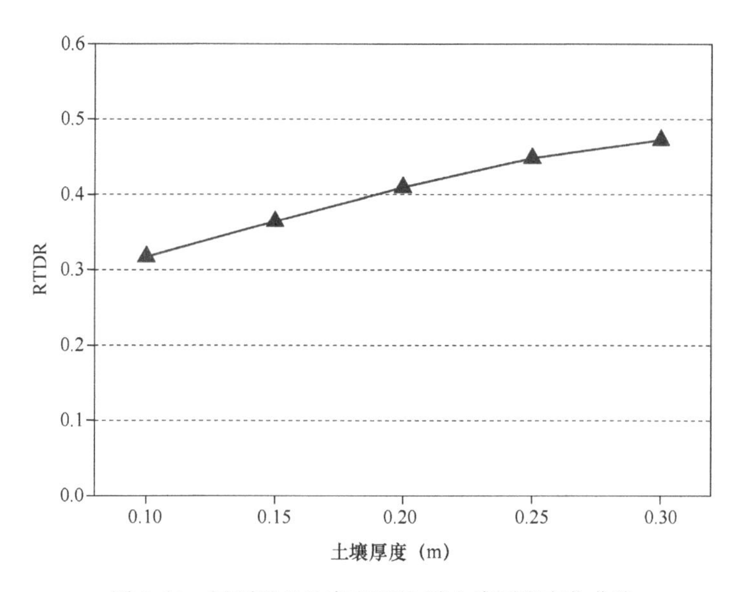

图 3.14 屋顶温差比率 RTDR 随土壤厚度变化曲线

由图 3.15 可知，当土壤厚度为 0.1m 时，室内温度、屋顶内表面温度及热流波动剧烈。随着土壤厚度的增加，室内温度及屋顶内表面温度最大值均呈下降趋势。白天，土壤厚度为 0.1m 和 0.3m 的室内最大温差达 1.0℃，内表面温度相差 1.7℃；夜间通风时段，土壤越薄室内和屋顶内表面温度越低，说明土壤会抑制夜间室内热量通过屋顶向室外散发，这与实验结果一致。由于土壤厚度的增大使得屋顶内表面温度与室内温度更为接近，由屋顶向室内的散热量会随之减小，因此土壤越厚对夜间房间散热的抑制作用越大，此时应通过增强对流换热和加强屋顶蓄热来提高夜间通风的降温蓄冷效果。

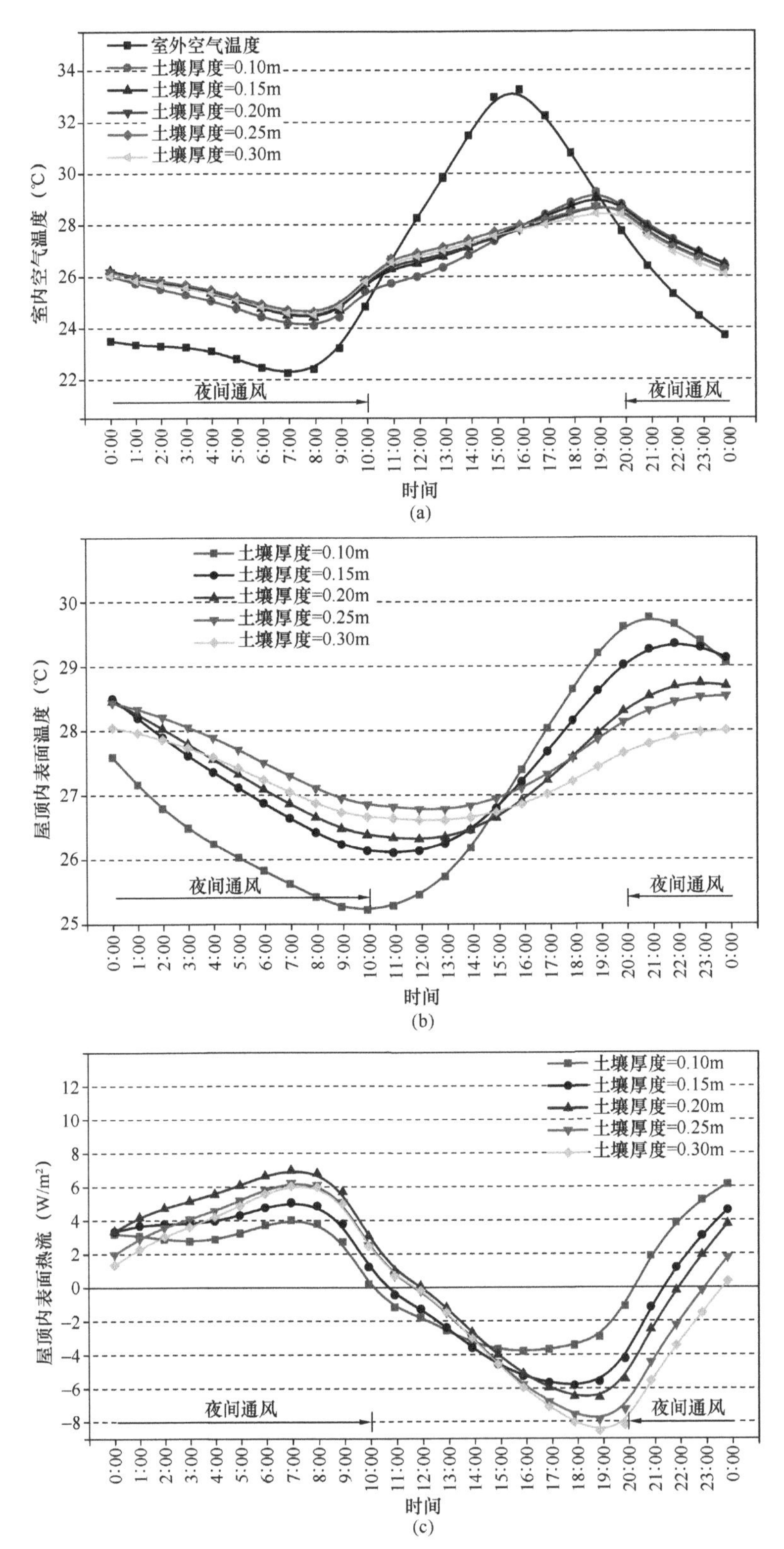

图 3.15　土壤厚度变化时绿化屋顶在夜间通风时实验箱热工参数

(a) 室内温度对比；(b) 屋顶内表面温度对比；(c) 热流对比

表 3.12 为不同土壤厚度时屋顶内表面放吸热比 RHR，可见当土壤厚度从 0.1m 增大到 0.3m 时，屋顶内表面放热量和吸热量均有一个先增大再减小的过程，同时放吸热比 RHR 先减小再增大，即增加土壤厚度对屋顶内表面放热和吸热均明显影响。说明土壤厚度对夜间通风时段放热（蓄冷）和白天绿化屋顶吸热（防冷）均会产生作用。由于屋顶结构层的蓄热性能，夜间通风是一个复杂的过程，在接下来的章节将进行更深入的探讨。

不同土壤厚度下的 RHR　　　　表 3.12

土壤厚度（m）	RHR
0.1	1.81
0.15	1.29
0.2	1.62
0.25	0.98
0.3	0.79

3.7.6　灌溉的影响

在 EnergyPlus 软件中选择“Roof Irrigation Class”，并将“Irrigation Rate Schedule”设置为每天 7：00～9：00 定时灌溉，灌溉量分别为 0m/h、0.001m/h、0.002m/h、0.003m/h，灌溉模式设定为当土壤含水量低于饱和含水量的 40%时自动开始灌溉（一般情况下土壤饱和含水量为 $0.40m^3/m^3$）。外墙选用表 3.7 中的墙 3，其他参数仍按表 3.2 及表 3.3 进行设置，换气次数设为 20 次/h，得到不同土壤厚度时绿化屋顶房间一天 24h 室内温度、屋顶内表面温度及热流量（图 3.17）。同时按式（2.12）和式（2.13）计算得出屋顶温差比率 RTDR 和屋顶内表面放吸热比 RHR，来量化夜间通风工况下绿化屋顶降温效果及夜间通风和绿化屋顶在屋顶内表面传热中占的比重，从而研究换气次数对绿化屋顶蓄冷降温效果的影响。

图 3.16 给出了绿化屋顶实验箱在不同土壤厚度时屋顶内表面温差比率 RTDR 的变化曲线。增大灌溉量有利于增强降温效果，但由于模拟时运行时间从 6 月开始，土壤中含水

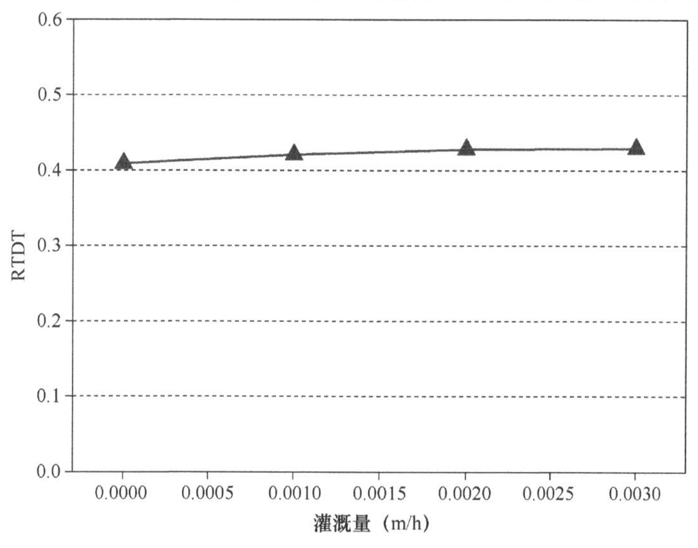

图 3.16　屋顶温差比率 RTDR 随灌溉量变化曲线

量比较稳定，在灌溉量为 0m/h 时土壤含水量维持在 0.25m^3/m^3 左右。因此增加灌溉量后，降温效果并不十分明显。当灌溉量为 0.001m/h 时，土壤含水量达到 0.30m^3/m^3，当灌溉量继续增大到 0.003m/h 时土壤含水量为 0.34m^3/m^3。因此，如果从 6 月开始持续灌溉，土壤含水量达到 0.25 m^3/m^3 以上便能维持植物的正常生长。这对绿化屋顶植物灌溉量的确定有一定的指导意义。

由图 3.17 可知，随着灌溉量的增加，室内温度及屋顶内表面温度均呈下降趋势。但由于持续灌溉，在 7 月 10 日土壤含水量已达 0.25m^3/m^3（一般情况下土壤饱和含水量为 0.40m^3/m^3），足以维持一个较为理想的降温效果。同时，可以发现，在夜间通风时段灌溉量越大，室内和屋顶内表面温度也越低，说明增强灌溉在全天都对室内起到了降温作用。由于灌溉量的增大使得屋顶内表面温度与室内温度更为接近，在夜间通风时段由屋顶向室内的放热量会随之减小，但对房间起到了积极的冷却作用。白天，灌溉量的增加降低了屋顶内表面的温度，更有利于屋顶吸收室内热量。

表 3.13 为不同灌溉量时屋顶内表面放吸热比 RHR。由表可知，当灌溉量从 0m/h 增大到 0.003m/h 时，屋顶内表面放吸热比 RHR 逐渐减小，即增加灌溉量使屋顶内表面在白天时段的吸热量增加。这对白天时段降低屋顶内表面温度从而降低室内温度起到了积极作用。

因此，可根据屋顶植物特性和需水情况进行合理的灌溉，一般情况当土壤含水量低于饱和时的 40%时应进行灌溉（DOE，2016b）。目前植物的灌溉可以定时进行，也可以在土壤中设置土壤含水量计，通过测量值反馈给灌溉系统进行智能灌溉。合理的灌溉可以使植物生长旺盛，降低室内温度，并使室内更多的热量流向室外。

不同灌溉量下的 RHR **表 3.13**

灌溉量（m/h）	RHR
0	1.40
0.001	1.04
0.002	0.90
0.003	0.84

3.7.7 结构层的影响

对于采用夜间通风的建筑，结构层的作用主要是在夜间蓄存冷量，待白天置换室内的热量，降低室内温度并延迟室内温度峰值出现的时间。因此，本书研究结构层影响降温的重点是结构层屋面板的蓄热性能。材料的蓄热性能一般用热质量 M（kJ/k）来表示，其计算公式为：

$$M = \rho c_p V \tag{3.34}$$

式中 c_p——材料的定压比热（kJ/kg·K）；

ρ——材料密度（kg/m^3）；

V——蓄热体的体积（m^3）。

表 3.14 为常见材料的热质量。混凝土的蓄热性能较高；加气混凝土墙蓄热性能由于密度和定压比热都较小，蓄热性能较差。因此，如果要增强围护结构的蓄热性能要选择重型材料。

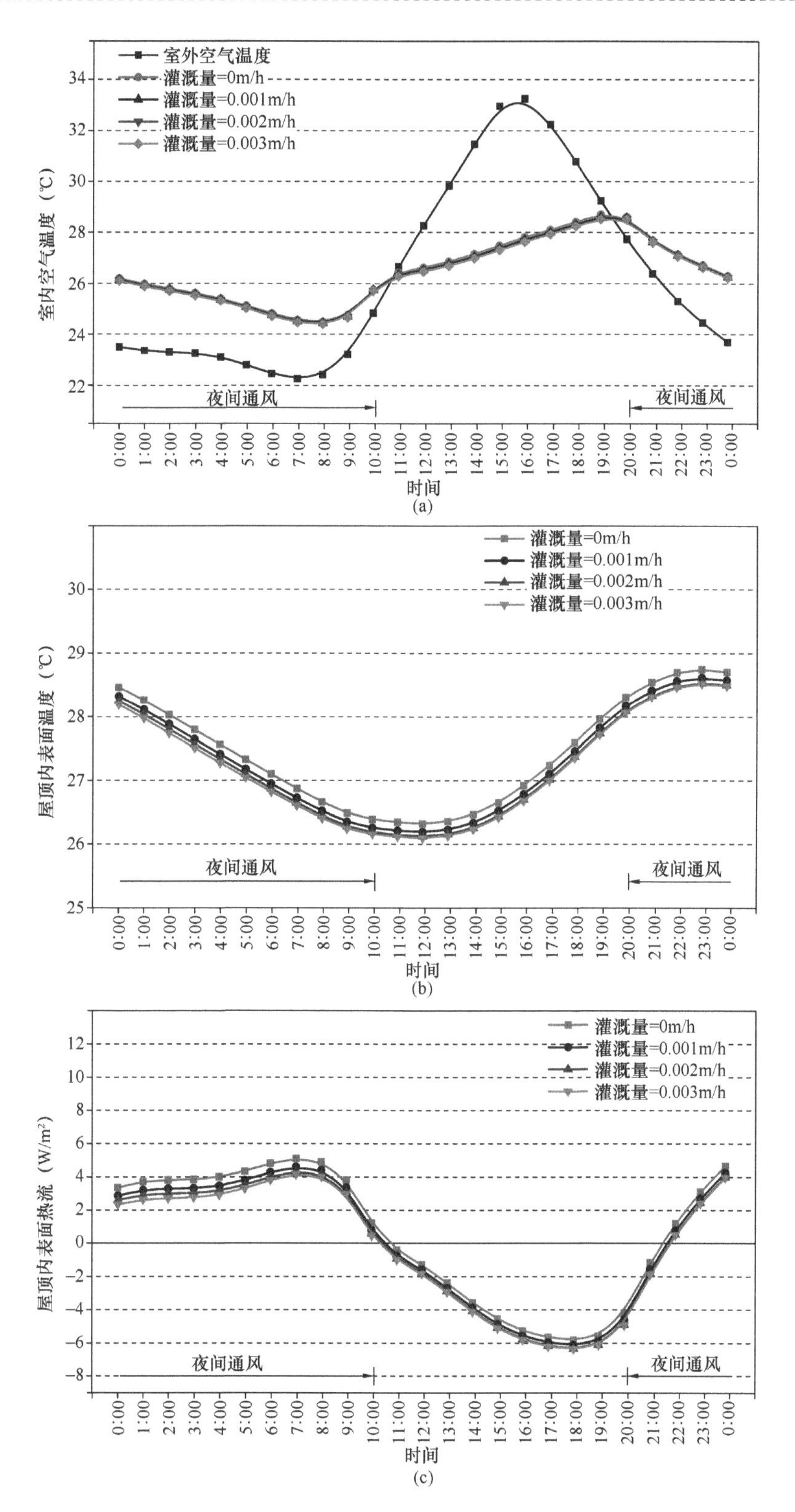

图 3.17 灌溉量变化时绿化屋顶在夜间通风时实验箱热工参数

(a) 室内温度对比；(b) 屋顶内表面温度对比；(c) 热流对比

常见材料的热质量　　表 3.14

材料类型	热质量（kJ/ m³ · K）
混凝土	2060
砂岩	1800
压实土坯	1740
素土夯实	1673
砖	1360
土墙	1300
加气混凝土墙	500

对 EnergyPlus 软件中“Construction Class”的屋顶构造层进行设置，分别选择表 3.15中的轻型、中型、重型蓄热材料，外墙选用表 3.7 中的墙 3，其他参数仍按表 3.2 及表 3.3 进行设置，换气次数设为 20 次/h，得到屋顶构造层采用不同蓄热等级材料时绿化屋顶房间一天 24h 室内温度、屋顶内表面温度及热流量（图 3.19）。同时，按式（2.12）和式（2.13）计算得出屋顶温差比率 RTDR 和屋顶内表面放吸热比 RHR，来量化夜间通风工况下绿化屋顶降温效果及夜间通风和绿化屋顶在屋顶内表面传热中占的比重，从而研究换气次数对绿化屋顶蓄冷降温效果的影响。

轻、中、重三种屋面板蓄热性能　　表 3.15

屋面板蓄热等级	轻型	中型	重型
蓄热材料	M11 轻质混凝土板	M14a 重型混凝土板	M15 重型混凝土板
密度（kg/m³）	840	2240	2240
定压比热（kJ/kg · K）	1280	900	900
厚度（mm）	100	100	200
热质量（kJ/k）	124.7	233.7	467.5

图 3.18 给出了绿化屋顶实验箱屋顶结构层蓄热性能变化时屋顶内表面温差比率 RT-

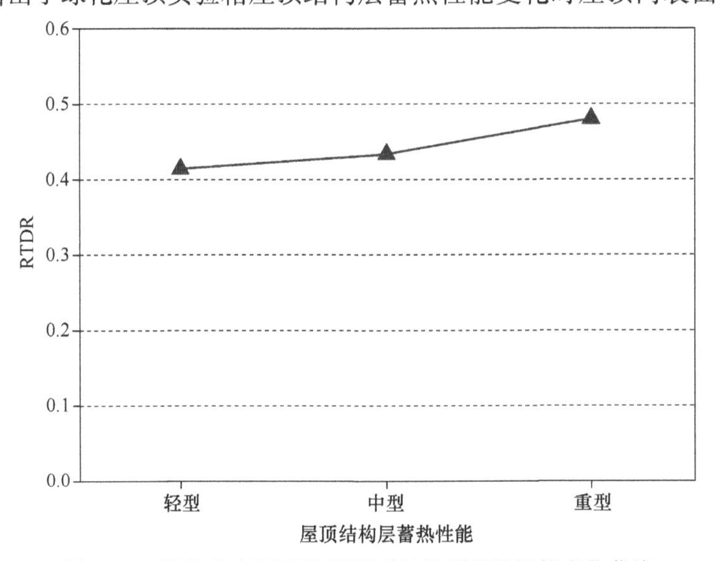

图 3.18　温差比率 RTDR 随屋顶结构层蓄热性能变化曲线

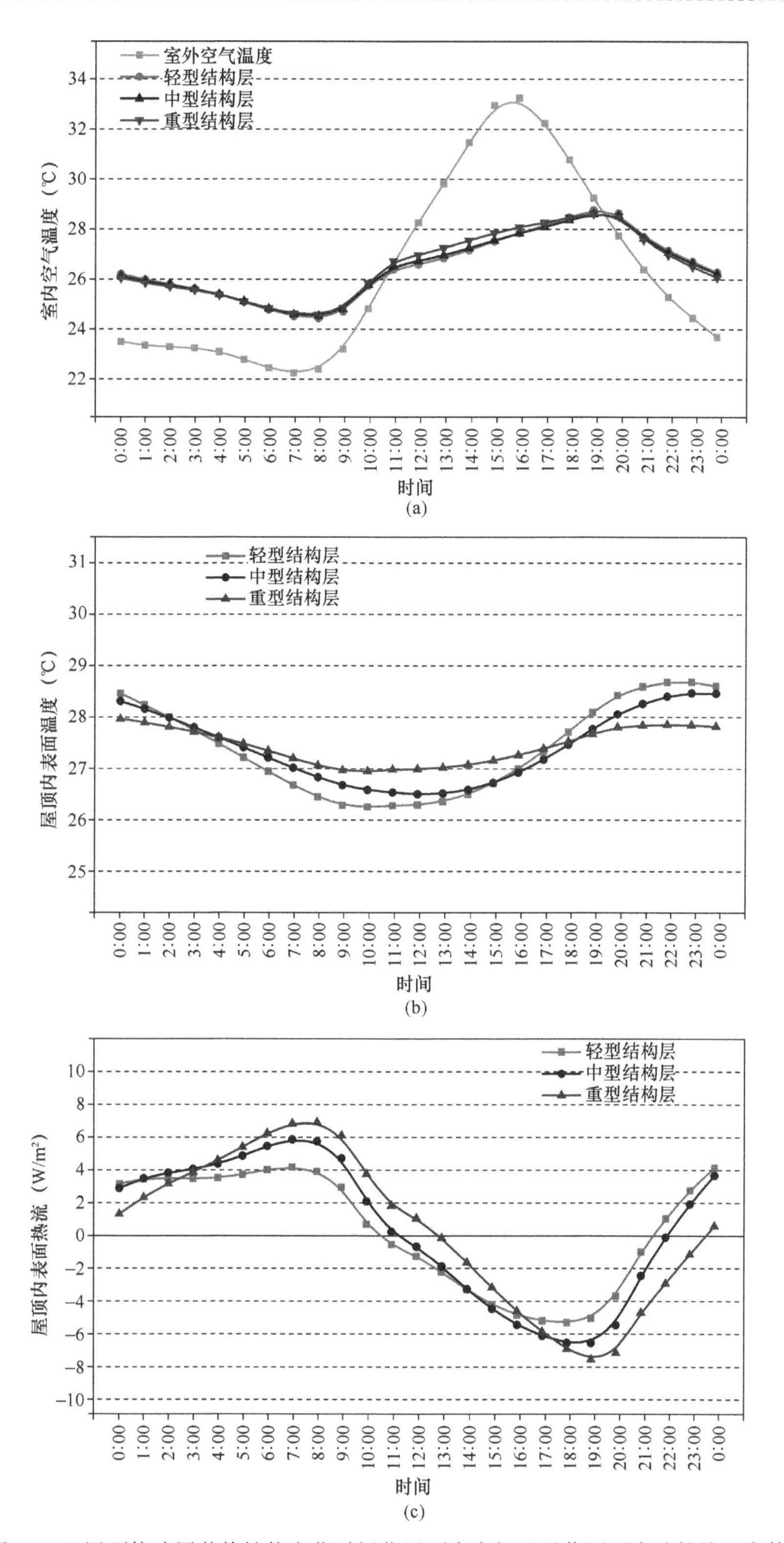

图 3.19　屋顶构造层蓄热性能变化时绿化屋顶在夜间通风作用下实验箱热工参数

（a）室内温度对比；（b）屋顶内表面温度对比；（c）热流对比

DR 的变化曲线，随着屋顶构造层蓄热性能的增加 RTDR 增大。可以得出：增强屋顶构造层的蓄热性能有利于增强降温效果，从轻型结构层到重型结构层，RTDR 从 0.41 增大到 0.48。因此，增强屋顶构造层的蓄热性能有利于加强夜间通风作用下的绿化屋顶房间的降温效果。

由图 3.19 可知，随着屋顶结构层蓄热性能的增强，室内温度及屋顶内表面温度均呈下降趋势。白天，屋顶重型和轻型结构层的屋顶内表面最大温差 0.8℃；夜间通风时段，屋顶结构层蓄热性能越强，室内和屋顶内表面温度反而越高。这主要是由于蓄热性能越高热稳定性越好，在夜间屋顶内表面不能迅速降温（图 3.19(b)），但由于重型屋顶的蓄热性能强，其吸收的冷量能在结构层储存更多更久，因此在夜间吸冷量大于中型和轻型屋顶，而在白天释冷量也较中型和轻型屋顶多（图 3.19(c)）。

表 3.16 为采用不同屋顶构造层时屋顶内表面放吸热比 RHR，可见当屋顶构造层蓄热性能增大时，屋顶内表面放吸热比 RHR 随之增大。增强屋顶结构层有利于夜间通风时段屋顶内表面放热（蓄冷），增强屋顶内表面对室内的降温效果。

不同蓄热性能的屋顶结构层 RHR **表 3.16**

屋顶结构层	RHR
轻	1.22
中	1.24
重	1.18

3.7.8 昼夜温差的影响

由于夜间通风很大程度上受到气候条件，特别是昼夜温差的影响（Givoni，1992；Santamouris et al.，1996；付祥钊 等，1996；Birtles et al.，1996；Givoni，1994；van der Maas et al.，1991；Givoni，1976），因此本书对 CSWD 气象数据中昼夜温差在 6～9 月各温度区间出现的天数进行了统计分析。将昼夜温差分为 4 个温度区间：≤3℃、3～6℃、6～9℃、≥10℃。从图 3.20 中可以看出，在 6～9 月昼夜温差在 6～10℃区间内的天数最多，分别是 13 天、18 天、20 天、13 天；其次是温度区间 3～6℃，分别是 8 天、7 天、5 天、8 天；在 6 月和 9 月分别有 5 天和 7 天昼夜温差小于 3℃，7 月仅 1 天昼夜温差小于 3℃，8 月小于 3℃天数为 0；而 6～9 月均有少量天数昼夜温差大于 10℃，且 7 月、8 月昼夜温差大于 10℃的天数较 6、9 月更多，分别为 5 天和 6 天。

根据图 3.20，6～9 月昼夜温差在 6～10℃范围内出现的天数最多，因此本书选择了昼夜温差为 7.2℃、9.1℃、9.9℃、10.5℃、11.6℃的气象数据进行模拟。外墙选用表 3.7中的墙 3，屋面板采用表 3.15 中重型蓄热材料，土壤厚度 0.2m，其他参数仍按表 3.2及表 3.3 进行设置，换气次数设为 20 次/h。得到不同昼夜温差时绿化屋顶房间在夜间通风工况下的屋顶内表面温度。根据式（2.12）计算得到对不同昼夜温差下的温差比率 RTDR，再对 RTDR 进行线性回归（图 3.21），见式（3.35）。

$$RTDR = 0.12577 + 0.3439(T_{max\text{-}out} - T_{min\text{-}out}) \tag{3.35}$$

将式（2.11）与式（3.35）联立变形，可得屋顶内表面最大温度 $T_{max\text{-}in\_r}$，见

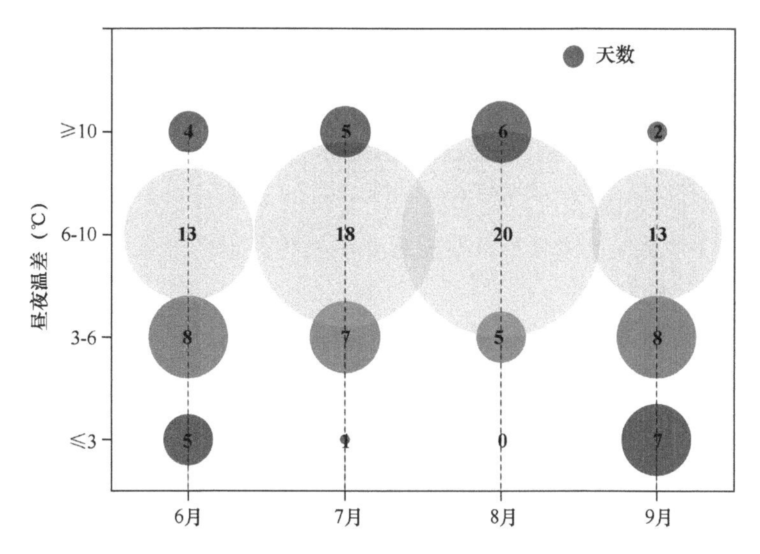

图 3.20 CSWD 气象数据中 6～9 月昼夜温差天数统计

式（3.36）。由式（3.36）可预测不同室外温度下，夜间通风作用与绿化屋顶结合的被动式节能方式的屋顶内表面温度最大值。再对式（3.36）进行变形，可得到夜间通风作用下的绿化屋顶内表面温度与室外温度的最大温差，即采用该节能技术能使屋顶内表面温度相对于室外温度降低的最大值，见式（3.37）。这种计算方法简单有效。

屋顶内表面温度最大值：

$$T_{\text{max-in\_r}} = T_{\text{max-out}} - [RTDR \times (T_{\text{max-out}} - T_{\text{min-out}})] \tag{3.36}$$

室外与屋顶内表面温差最大值：

$$T_{\text{max-out}} - T_{\text{max-in\_r}} = [RTDR \times (T_{\text{max-out}} - T_{\text{min-out}})] \tag{3.37}$$

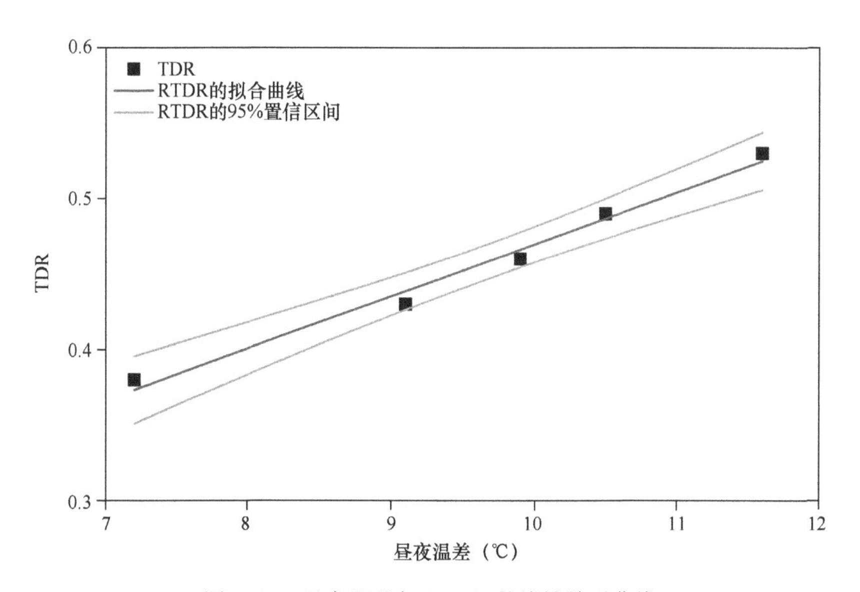

图 3.21 昼夜温差与 RTDR 的线性关系曲线

3.7.9 各影响因素相关性排序

通过前几小节对影响夜间通风工况下绿化屋顶各影响因素的单因素分析，为设计者选用屋顶绿化植物、设计屋顶构造层及通风系统提供了一定的帮助。这些影响因素对屋顶内表面降温程度在本书中用屋顶内表面温差比率 RTDR 来衡量，为此本小节将用各影响因素与 RTDR 的相关系数大小来分析其对屋顶降温的相关程度。通过数据分析对各影响因素进行相关性排序，见表 3.17。

由表 3.17 可知，对屋顶内表面温差比率影响最大的是屋顶构造层及土壤厚度，其次是昼夜温差、外墙热阻、灌溉量、换气次数、叶面积指数，与植物高度相关性最低。由前几小节也可得出屋顶构造层与土壤厚度对屋顶内表面温度及热流的影响显著，且两者互相影响，是一个较为复杂的传热过程。在下一小节将对屋顶构造层和土壤厚度的热工性能进行进一步分析。

各影响因素相关性排序 **表 3.17**

排序	1	2	3	4	5	6	7	8
影响因素	屋顶构造层	土壤厚度	昼夜温差	外墙热阻	灌溉	换气次数	叶面积指数	植物高度
相关系数	0.99963	0.99329	0.99245	0.97701	0.9449	0.92953	0.92104	-0.61305

注：相关显著性水平 *Sig.* 为 0.01(2-tailed)，相关系数为正表示正相关，相关系数为负表示负相关。

3.7.10 屋顶结构层与土壤共同作用时的热环境及传热研究分析

通过本章前几个小节对夜间通风作用下的绿化屋顶房间热环境的单因素分析后发现，结构层蓄热性能、土壤层厚度、昼夜温差、外墙热阻、灌溉量、换气次数及叶面积指数对室内温度的影响突出，而植物高度对其的影响可忽略不计。对目前绿化屋顶植物而言，其叶面积指数 LAI 一般均能达到 4 以上；结合目前较为成熟的灌溉技术，绿化屋顶植物灌溉量也能保证土壤含水量在 0.25m³/m³ 以上。因此，在能满足外墙保温性能、植物叶面积指数要求和合理灌溉的基础上，设计者应更关注结构层的蓄热性能、土壤层厚度的确定以及该技术对气候的适应性。

由于绿化屋顶的结构层和土壤层均有较强的蓄热性，在前文中虽分别对土壤厚度和结构层蓄热性能进行了模拟分析，但这两个部分在热量传递上相互影响，需将其看作一个整体进行进一步研究。因此，本节将同时考虑土壤层厚度和结构层蓄热性能对室内热环境以及屋顶的蓄放热影响。

在模拟时屋顶结构层选用了重、中、轻三种屋顶材料（表 3.15）。土壤层厚度选用 0.1m、0.2m、0.3m，外墙选用表 3.7 中的墙 3，其他参数仍按表 3.2 及表 3.3 进行设置，换气次数设为 20 次/h，气象数据采用 CSWD 中 7 月 10 日的数据，得到不同屋面板和不同土壤厚度时绿化屋顶房间室内温度、屋顶内表面温度及热流量（图 3.23）。同时，按式（2.12）和式（2.13）计算得出屋顶温差比率 RTDR 和屋顶内表面放吸热比 RHR，来量化夜间通风工况下绿化屋顶降温效果及夜间通风和绿化屋顶在屋顶内表面传热中占的比重，从而研究换气次数对绿化屋顶蓄冷降温效果的影响。

图 3.22 给出了绿化屋顶实验箱屋顶结构层的蓄热性能和土壤厚度变化时屋顶内表面温差比率 RTDR 的变化曲线：当土壤厚度一定时，屋顶结构层蓄热性能越强温差比率 RTDR 越高，即绿化屋顶与夜间通风结合的降温效果越好；当屋顶蓄热性能一定时，土壤越厚 RTDR 越高。土壤为 0.1m 时，3 种屋顶结构层蓄热材料的降温效果差距较大，而随着土壤厚度的增加，3 种屋顶结构层蓄热材料的降温效果差距逐渐缩小。因此，在对夜间通风工况下的绿化屋顶进行设计时，要同时考虑结构层蓄热性能和土壤厚度，结构层蓄热性能越高、土壤越厚则降温效果越好。如果由于荷载或其他原因须选择较薄土壤时，应考虑增强屋顶蓄热材料性能。由图 3.22 可知，当土壤达到 0.3m 时，3 种屋顶结构层蓄热性能对室内降温的影响已非常接近，则对其蓄热性能的要求可适当降低。

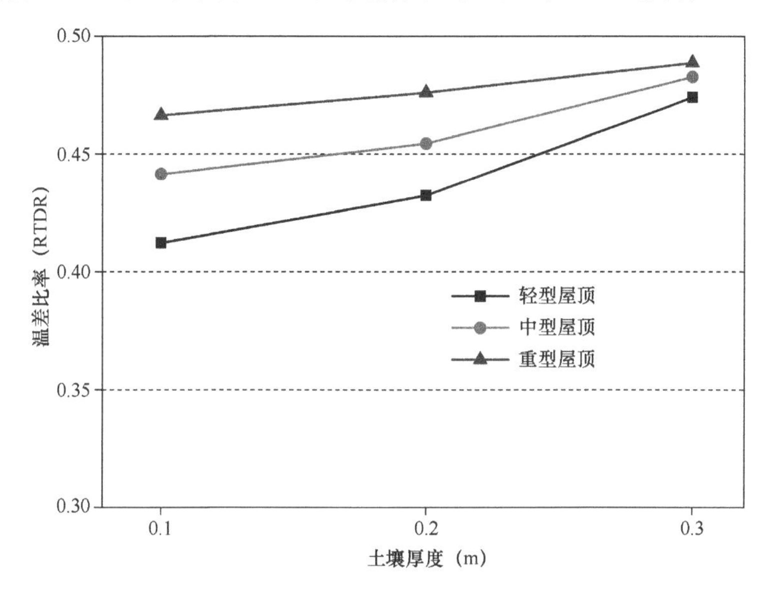

图 3.22　3 种蓄热等级屋顶随土壤厚度变化的温差比率 RTDR 曲线

图 3.23 为土壤厚度分别为 0.1m、0.2m、0.3m，屋顶结构层蓄热性能分别为轻型、中型、重型时，室内温度、屋顶内表面温度及热流的曲线图。由图 3.23(a)～(f)可知，当屋顶结构层蓄热性能一定时，随着土壤厚度的增加，室内温度及屋顶内表面温度均呈下降趋势，屋顶结构层蓄热性能较差时，增加土壤厚度可使室内温度及屋顶内表面温度大幅度降低。土壤厚度为 0.1m 时，重型屋顶的室内温度及屋顶内表面温度的峰值明显低于中型和轻型。当土壤厚度为 0.3m 时，屋顶内表面最高温度可降低到 28.0℃；而采用轻质屋顶土壤厚度为 0.1m 时，室内最高温度为 29.2℃，两者相差 1.3℃。但在夜间通风时段，重型屋顶的室内温度及屋顶内表面温度均高于轻型屋顶，这主要是由于重型屋顶蓄热性墙，白天储存在其中的热量更多，散热较慢；而当土壤厚度达到 0.3m 时，夜间时段重型屋顶的室内温度及屋顶内表面温度均低于中型和轻型屋顶，这主要是由于土壤层的增厚阻挡了大部分太阳辐射，同时绿化屋顶的蒸发蒸腾作用也更强，达到了很好的隔热降温作用，使屋顶结构层温度相对土壤层为 0.1m 时有所降低，并且结构层可从土壤层吸收一定的冷量并储存在结构层中，使结构层在夜间通风时段的蓄冷能力得到了充分发挥。

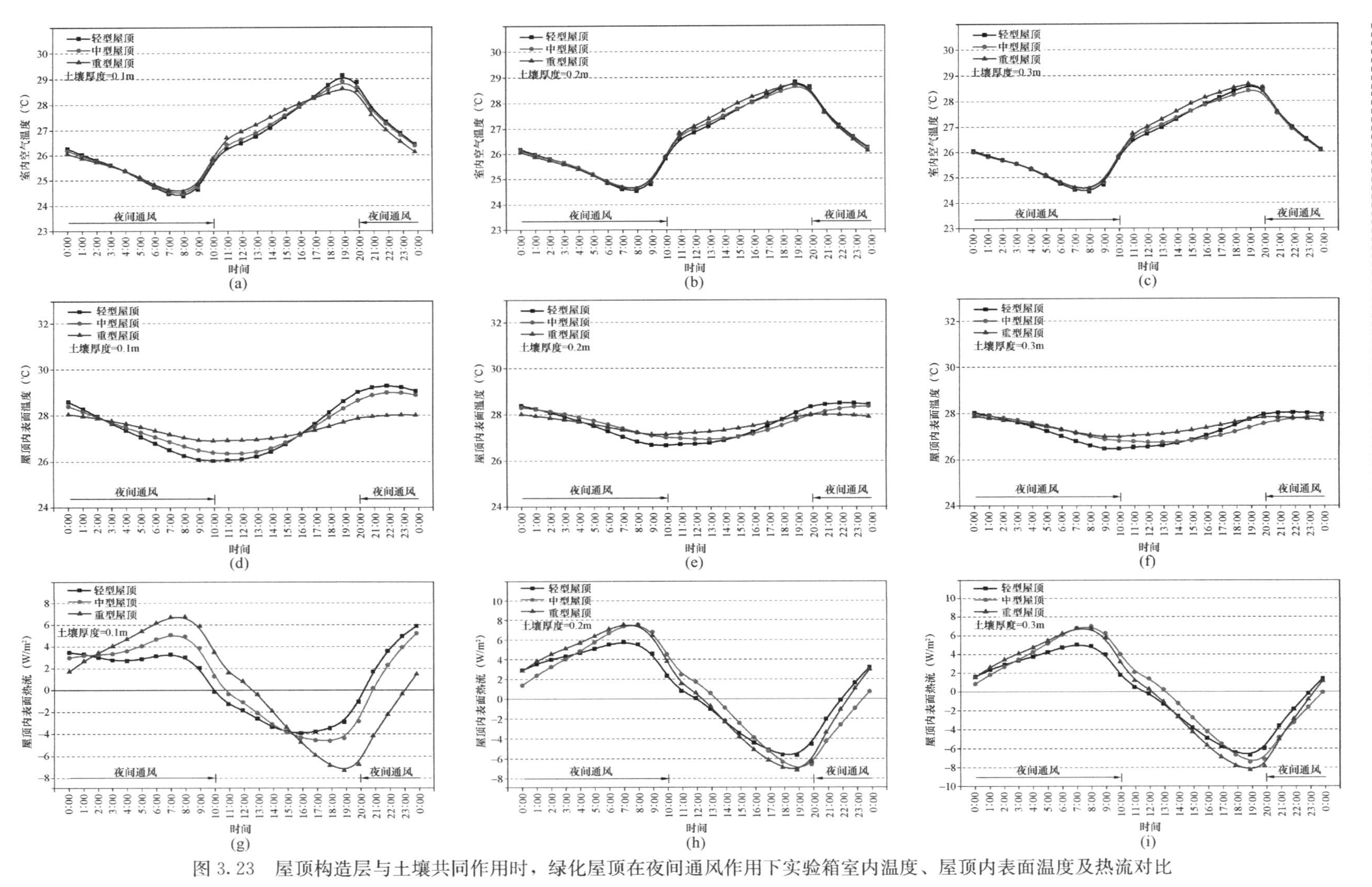

图 3.23　屋顶构造层与土壤共同作用时，绿化屋顶在夜间通风作用下实验箱室内温度、屋顶内表面温度及热流对比

图 3.23(g)～(i)为土壤厚度 0.1m、0.2m、0.3m 时屋顶采用蓄热性能重型、中型、轻型材料时的热流对比图。屋顶内表面热流为负表示热量由屋顶内表面流向室内，即屋顶放热（吸冷）；屋顶内表面热流为正，表示热量由室内流向屋顶内表面。从图 3.23(i) 中可以看出，当土壤厚度为 0.1m 时，轻型屋顶在夜间通风时段 0：00～10：00 的放热量（吸冷量）仅为 44.2W/m^2，而重型屋顶的放热量（吸冷量）为 56.8W/m^2，这也导致重型屋顶在白天内表面温度最大值更低；但土壤为 0.1m 时重型屋顶在白天的吸热量（放冷量）仅为 36.8W/m^2，说明土壤较薄时，绿化屋顶的隔热性能不能充分发挥，导致白天绿化屋顶的吸热量较小。当土壤厚度为 0.3m 时，重型材料由于蓄热能力较强，白天吸收的热量更多，导致夜间在开启通风后与室外空气的热交换更剧烈，放热量（吸冷量）达到 67.0W/m^2，高于中型和轻型材料；而在白天由于绿化屋顶温度始终较低，重型材料又通过与绿化屋顶的热交换得到更多冷量（42.3W/m^2），使得白天向室外释放的热量高于中型和轻型屋顶。因此，屋顶结构层蓄热性能越好，土壤越厚，室内温度越低，屋顶内表面流向室外越多，越有利于散热。

可见，绿化屋顶的蓄热能力由土壤和屋顶结构层的蓄热性能共同作用。不同的屋顶蓄热材料及土壤厚度对室温的影响显著，为加强夜间通风与绿化屋顶联合作用的降温效果，在条件允许的情况下，应尽量选择蓄热性能高的屋面板材料和较厚的土壤。

3.8 绿化屋顶与双层架空通风屋顶的比较

绿化屋顶作为一种熟知的被动式节能技术，在夏季有着非常显著的隔热降温效果。但除此之外，还存在其他屋顶防热措施，如保温屋顶、架空屋顶。在第 2 章通过实验已对绿化屋顶和保温屋顶进行了比较。对于架空屋顶，其防热措施不仅结构简单、经济性好，而且隔热效果也明显。因此在本节将对绿化屋顶与架空屋顶在隔热降温方面的效果进行比较。

根据《民用建筑热工设计规范》：设置通风间层，如通风屋顶、通风墙等，通风屋顶风道长度不宜大于 10m。间层高度以 20cm 左右为宜。基层上应有 6cm 左右的隔热层。因此本书在 3.5 节所建立的裸屋顶建筑模型基础上，在距屋顶外表面 0.2m 高度增设预制混凝土板作为架空层。围护结构其他参数仍按表 3.2 进行设置，保温层厚度设为 6cm。绿化屋顶的结构层采用表 3.3 中的重型屋顶，土壤厚度为 0.2m，其他参数按表 3.3 进行设置，换气次数设为 20 次/h。模拟中仍采用了气象数据 CSWD 中 7 月 10 日的数据，得到绿化屋顶和双层架空屋顶房间一天 24h 室内温度、屋顶内表面温度及热流量（图 3.24）。同时，按式（2.12）和式（2.13）计算得出屋顶温差比率 RTDR 和屋顶内表面放吸热比 RHR，来量化夜间通风工况下绿化屋顶降温果及夜间通风和绿化屋顶在屋顶内表面传热中占的比重，比较屋顶绿化与双层架空屋顶降温的效果，见表 3.18。

图 3.24 为绿化屋顶和双层架空屋顶室内温度、屋顶内表面温度及热流的对比。可以看出绿化屋顶的室内温度及屋顶内表面温度在一天 24h 内均高于双层架空屋顶。绿化屋顶内表面的放热量小于双层架空屋顶，而在白天绿化屋顶的吸热量大于双层架空屋顶。

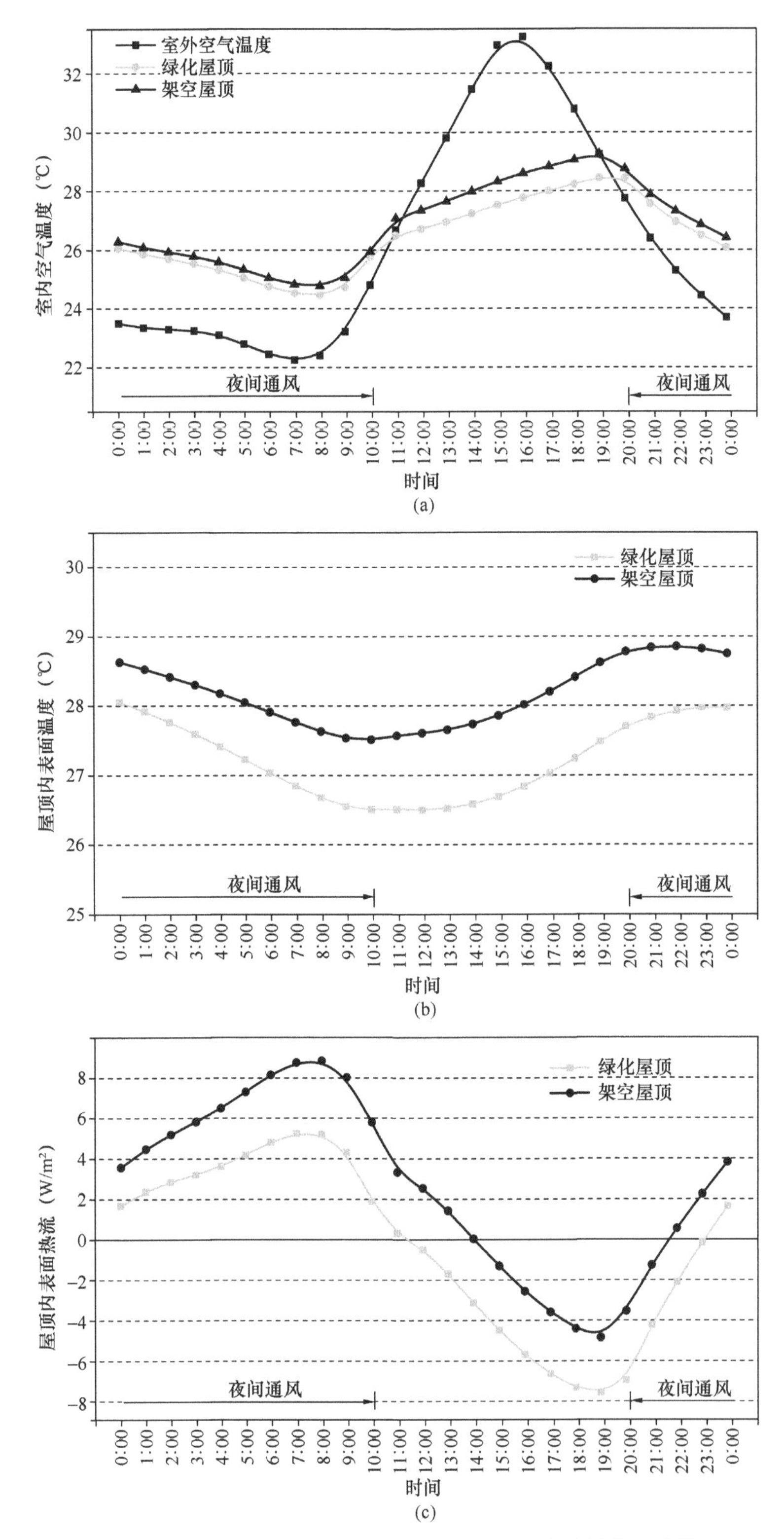

图 3.24　绿化屋顶和架空屋顶在夜间通风时实验箱热工参数

(a) 室内温度对比；(b) 屋顶内表面温度；(c) 屋顶内表面热流对比

从表 3.18 可以看出，绿化屋顶的屋顶温差比率 RTDR 为 0.47，而双层架空屋顶为 0.40，即采用本书对围护结构材料的相关设置时，绿化屋顶的降温能力优于双层架空屋顶（RTDR 越大，室外最高温度与屋顶内表面最高温度差值越大，则降温效果越好）。而屋顶放吸热比 RHR，绿化屋顶为 0.82，双层架空屋顶为 4.02。因此可知，双层架空屋顶在夜间的放热量大于白天的吸热量，而绿化屋顶夜间的放热量与白天的吸热量相当，且白天的吸热量略高于夜间的放热量。因此，双层架空屋顶在夜间更有利于屋顶放热，但在白天的隔热降温效果较绿化屋顶差。从全天来看，绿化屋顶的降温效果优于双层架空屋顶。

绿化屋顶和架空屋顶的 RTDR 及 RHR 对比 **表 3.18**

	屋顶温差比率 RTDR	屋顶放吸热比 RHR
绿化屋顶	0.47	0.82
架空屋顶	0.40	4.02

3.9 本章小结

本章的主要内容是建立实验建筑的数值模型，进行数值模拟结果与实验测试结果的验证分析，以证明模型的有效性。首先对数值模拟软件 EnergyPlus 的基本功能进行了介绍，为进行建筑的数值模拟必须明确数值建立方法，引入了绿化屋顶的能量平衡模型，分别分析了植物冠层部分和土壤部分显热和潜热的能量交换。并探讨了模型中所涉及的相关参数取值，将参数的分析结果运用到数值模拟过程中，根据实验建筑的相关构造，建立了绿化屋顶和参照屋顶的分析模型，并通过运行 EnergyPlus 软件获得了数值模拟结果。

通过模拟结果与实测值的对比分析发现，实测和模拟结果的变化规律一致，两者波幅都比较吻合。模拟结果和实验测量值的平均偏差（MBE）和均方根误差（RMSE）均在 11.6%以内。这说明数值模型能基本反映两种屋顶的真实降温效果，模型结果可信。

再根据建立并通过实验数据验证的模型，通过 EnergyPlus 模拟软件对影响绿化屋顶及夜间通风的各主要影响因素（叶面积指数 LAI、土壤层厚度、土壤含水量、房间换气次数、屋顶蓄热性能）分别进行数值模拟，分析这些参数与室内温度以及屋顶内表面热流之间的关系，并对影响因素进行了相关性排序，为设计者选择植物种类、土壤厚度、灌溉方式、屋顶构造及房间通风设计方面提供更多的参考依据。

4 绿化屋顶与夜间通风联合作用的降温评估工具

上一章以实验箱为建筑模型，进行了夜间通风与绿化屋顶各设计参数的敏感性分析，由于该实验箱四面均为外墙，室内热环境受太阳辐射及室外温度的影响强烈。而对于真实房间，一般仅有一面或两面外墙，因此本章将采用真实建筑模型，在第3章对屋顶结构层与土壤共同作用时的热环境和传热分析的基础上，加入不同昼夜温差、不同换气次数两个因素，采用 EnergyPlus 软件进行模拟，再对模拟结果进行计算分析，得到较为完善的用于衡量夜间通风作用下绿化屋顶降温效果的工具。

4.1 评估工具原理

由式（2.11）可知，评价夜间通风与绿化屋顶降温效果主要是通过计算室内外温差与昼夜温差的比值，因此对式（2.11）进行变形，可得到夜间通风作用下的绿化屋顶房间室内外最大温差，即采用该节能技术能使室内温度相对于室外温度降低的最大值：

$$T_{max} = T_{max\text{-}out} - T_{max\text{-}in} = [TDR \times (T_{max\text{-}out} - T_{min\text{-}out})] = \mathrm{TDR} \cdot \Delta T_{swing} \quad (4.1)$$

式中 T_{max}——室内外最大温差；

ΔT_{swing}——室外昼夜温差；

$T_{max\text{-}out}$——室外空气温度最大值；

$T_{max\text{-}in}$——室内空气温度最大值；

$T_{min\text{-}out}$——室外空气温度最小值；

TDR——温差比率。

由此，可将室内温差最大值与昼夜温差的线性关系作为绿化屋顶与夜间通风联合作用时的降温效果的评估工具。

4.2 建筑模型

本书以一栋2层办公楼作为建筑模型（图4.1），建筑层高4.2m，外窗尺寸均为1.5m×1.8m。以二层南向中间办公室为模拟对象，该房间尺寸为4m×6.4m。房间主要构造层材料及热工性能见表4.1。屋顶结构层及绿化屋顶构造见表3.3及表3.15。

模拟时屋顶结构层选用重型、中型两种屋顶材料（见表3.15）。土壤层厚度选用0.1m、0.2m、0.3m，每天7:00～9:00定时灌溉，灌溉量为0.002m/h，其他参数仍按表3.3进行设置。夜间通风换气次数采用5次/h、10次/h、20次/h，分别代表夜间自然通风、夜间混合通风和机械通风，并选择昼夜温差为7.2℃、9.1℃、9.9℃、10.5℃、

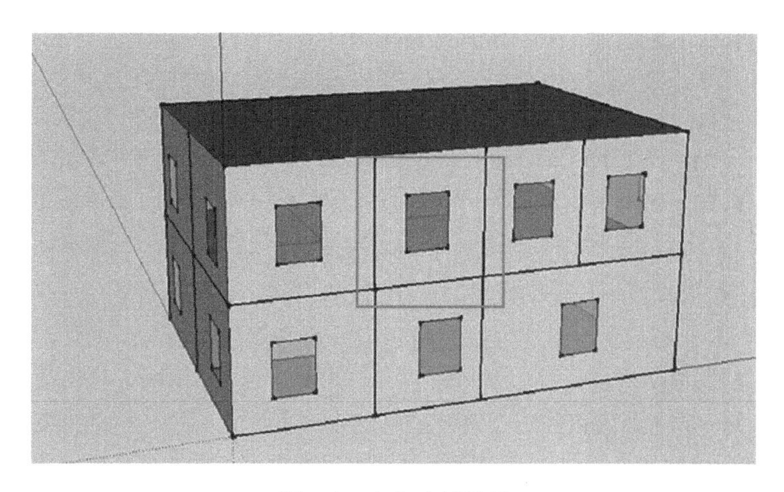

图 4.1 办公建筑模型

11.6℃的气象数据进行模拟，从而得到不同屋面板、不同土壤厚度、不同夜间通风换气次数在不同昼夜温差下绿化屋顶房间室内温度。

模拟房间结构材料特性参数设置 表 4.1

		厚度（mm）	导热系数［W/(m·K)］	密度（kg/m³）	比热容［J/(kg·K)］
外墙	水泥砂浆	20	0.93	1800	1050
	重型水泥	200	0.9	2500	920
	保温层	50	1	20	1380
	石膏板	19	0.16	800	1090
内墙	水泥砂浆	20	0.93	1800	1050
	多孔砌块砖	90	0.52	720	1350
	水泥砂浆	20	0.93	1800	1050
楼板	水泥砂浆	20	0.93	1800	1050
	钢筋混凝土	100	1	1700	1050

注：绿化屋顶构造层及植物层、土壤层设置见表 3.3 及表 3.15。

4.3 评估工具

采用 EnergyPlus 进行一系列的模拟，得到屋顶结构层为中型、重型，土壤厚度为 0.1m、0.2m、0.3m，夜间通风换气次数为 5 次/h、10 次/h、20 次/h 时，屋顶绿化办公楼在重庆地区室内外最大温差随昼夜温差变化的线性拟合图(图 4.2～图 4.7)。这几幅图的拟合线可以作为一个简单的设计工具，用于确定不同的屋顶蓄热性能、土壤厚度、换气次数和昼夜温差，查询到绿化屋顶和夜间通风联合作用时的降温效果。

从图 4.2～图 4.7 中可以看出，每幅图的 3 组线都呈明显的线性关系。以图 4.2 为例，当屋顶结构层为中型、土壤层厚度为 0.1m、换气次数分别为 5 次/h、10 次/h、20

次/h 时，室内外最大温差与昼夜温差的关系式为：

$$T_{max} = T_{max\text{-}out} - T_{max\text{-}in} = -3.47166 + 0.64863\Delta T_{swing} \quad (4.2)$$

$$T_{max} = T_{max\text{-}out} - T_{max\text{-}in} = -3.37347 + 0.66884\Delta T_{swing} \quad (4.3)$$

$$T_{max} = T_{max\text{-}out} - T_{max\text{-}in} = -3.10878 + 0.6729\Delta T_{swing} \quad (4.4)$$

可见，3 种换气次数下室内外最大温差与室外昼夜温差的函数关系式在形式上相似，仅是截距和斜率不同。换气次数越大截距越小，斜率越大，对于同一昼夜温差能降低的温度越多。对于换气次数 20 次/h 的屋顶结构层为中型蓄热材料、土壤厚度为 0.1m 时，昼夜温差 ΔT_{swing}应大于 9.1℃，可使室内最高温度相对于室外最高温度降低 3℃（图 4.2）。而对于换气次数 20 次/h 的屋顶结构层为重型蓄热材料、土壤厚度为 0.3m 时，昼夜温差 ΔT_{swing}应大于 8.7℃，即可使室内最高温度相对于室外最高温度降低 3℃（图 4.7）。当夜间通风换气次数较小或建筑物屋顶蓄热性能较差时，则需要昼夜温差更大才能有效降低室内温度。

此外，本书对 T_{max}与室外空气相对湿度进行了回归，但并没有呈现昼夜温差这样的简单函数关系。说明室内外最大温差与室外相对湿度的相关性很弱，对于重庆室外空气相对湿度较大的地区，只要昼夜温差达到一定的数值，即可采用夜间通风与绿化屋顶联合作用的被动式降温技术。

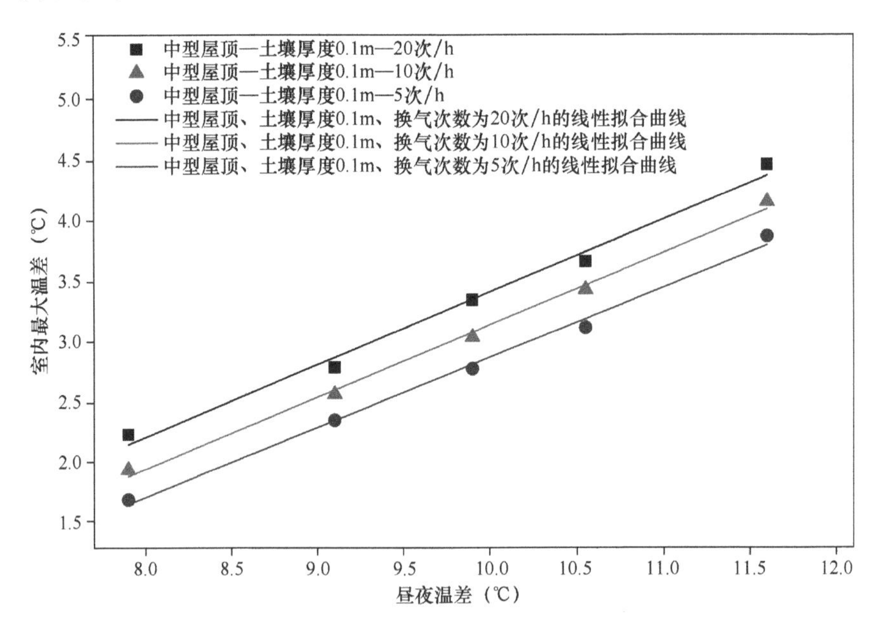

图 4.2　屋顶结构层为中型、土壤厚度 0.1m 时室内最大温差与昼夜温差线性拟合曲线

对于重庆地区及与重庆气候特征相似的地区，当采用重型墙体时，可直接参考图 4.2～图 4.7，对绿化屋顶与夜间通风结构的建筑的降温效果进行预测。其他地区或建筑围护结构、土壤厚度不同时，可根据本书提供的方法进行模拟计算，再得出相应的计算结果，用于实际建筑的降温效果预测。值得注意的是，本设计工具须已知当地气象数据，才能计算出室内外最大温差 T_{max} 。计算中所用气象数据可采用本书选用的 CSWD 气象数据或近几年当地气象站实测数据。

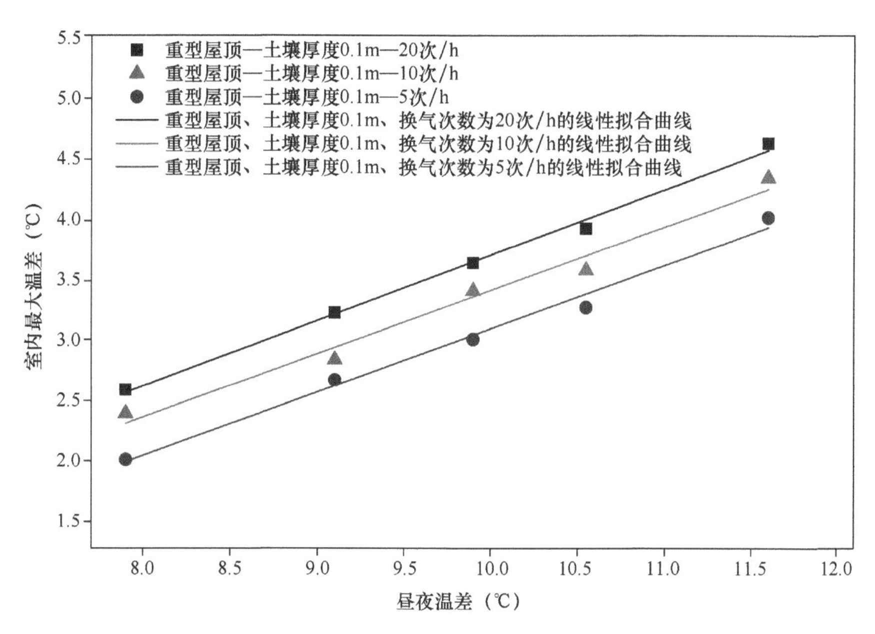

图 4.3　屋顶结构层为重型、土壤厚度 0.1m 时室内最大温差与昼夜温差线性拟合曲线

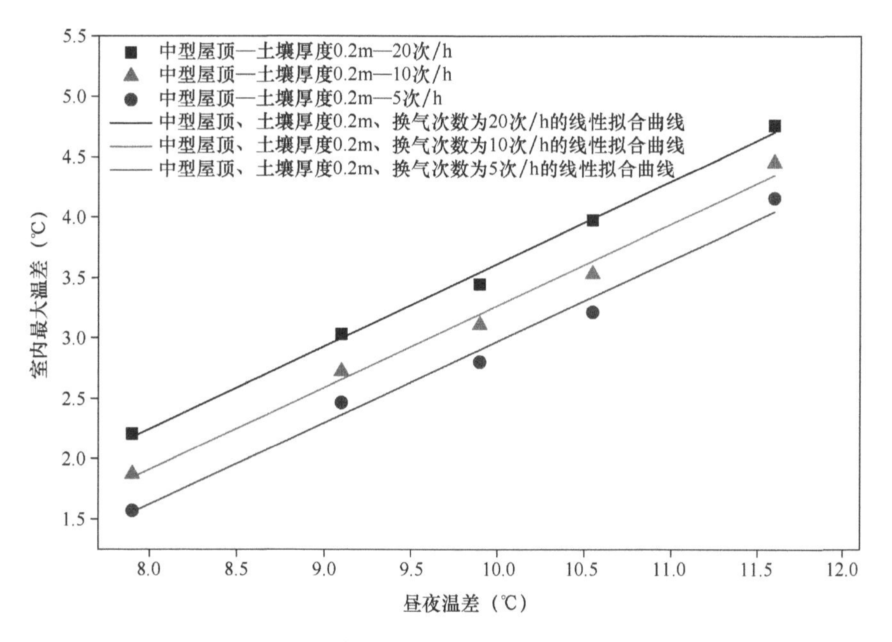

图 4.4　屋顶结构层为中型、土壤厚度 0.2m 时室内最大温差与昼夜温差线性拟合曲线

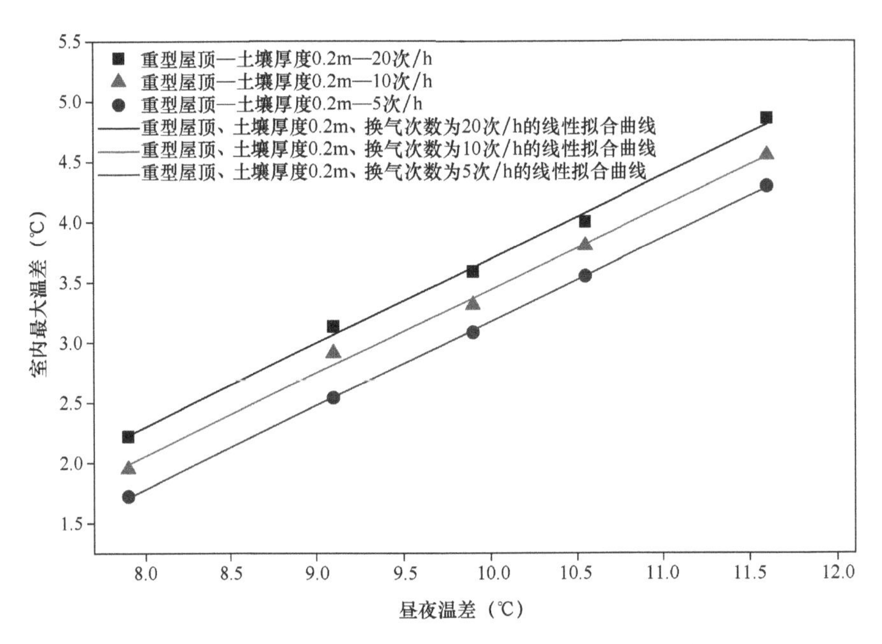

图 4.5　屋顶结构层为重型、土壤厚度 0.2m 时室内最大温差与昼夜温差线性拟合曲线

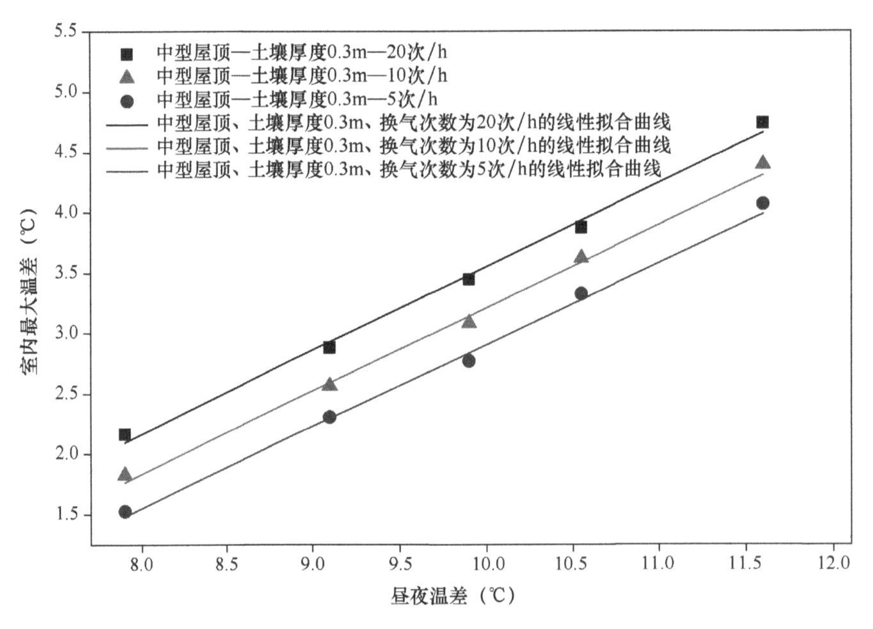

图 4.6　屋顶结构层为中型、土壤厚度 0.3m 时室内最大温差与昼夜温差线性拟合曲线

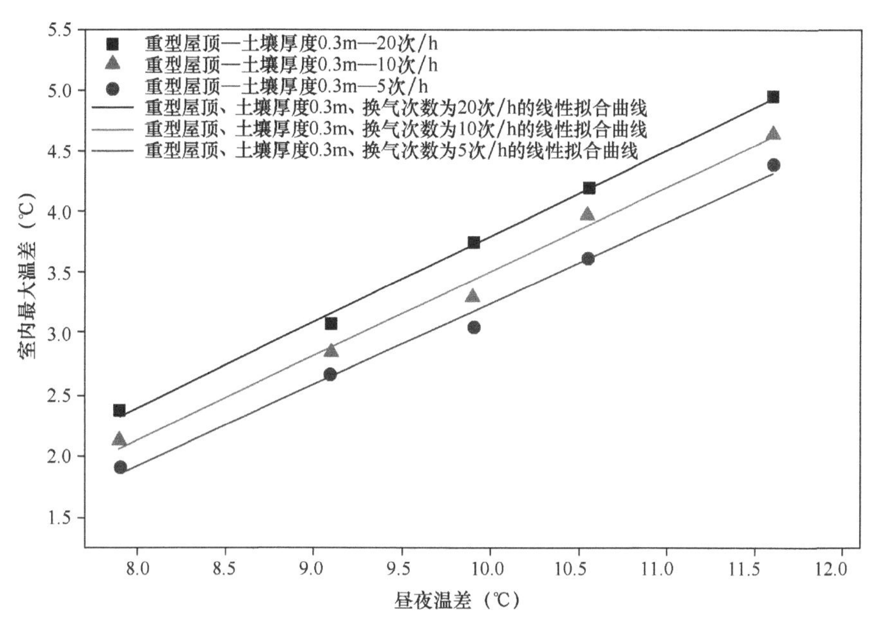

图 4.7　屋顶结构层为重型、土壤厚度 0.3m 时室内最大温差与昼夜温差线性拟合曲线

4.4　本章小结

在单因素分析的基础上，采用 EnergyPlus 软件模拟计算得到不同屋顶蓄热材料、不同土壤厚度、不同换气次数下室内外最大温差随室外昼夜温差变化的函数曲线。以此作为衡量夜间通风作用下绿化屋顶降温效果的工具。

5 结论与展望

屋顶绿化及夜间通风是两种既经济又便于实现的被动式节能技术，对于夏季隔热降温有良好的效果。为具体研究夜间通风作用下屋顶绿化对建筑室内热环境的改善，以及对屋顶传热的影响，于 2015 年及 2016 年夏季在重庆大学建筑城规学院建筑馆大楼屋顶自主搭建 2 个构造、规格完全相同的独立实验箱进行了实验研究。通过对实验数据进行整理分析，得出绿化屋顶与夜间通风结合的合理性和必要性。为量化建筑节能潜力，本书提出了夜间通风作用下屋顶绿化降温效果评价指标屋顶温差比率 RTDR 和屋顶内表面放吸热比 RHR。屋顶温差比率 RTDR 将屋顶内表面最高温度的降低能力归一化为室外昼夜温差对其的影响，可用于不同系统、不同气候条件下采用夜间通风时屋顶绿化降温效果的相互比较。屋顶内表面放吸热比 RHR 可分别反映绿化屋顶和夜间通风对降温隔热的贡献。

本书结合能耗模拟软件 EnergyPlus 建立数值模型，通过与实验数据对比验证模型的准确性。再根据建立并通过实验数据验证的模型，通过 EnergyPlus 模拟软件对影响绿化屋顶及夜间通风的各主要影响因素（叶面积指数 LAI、土壤层厚度、土壤含水量、房间换气次数、屋顶蓄热性能）分别进行数值模拟，分析这些参数与室内温度以及屋顶内表面热流之间的关系，并对影响因素进行了相关性排序，为设计者选择植物种类、土壤厚度、灌溉方式、屋顶构造及房间通风设计提供更多的参考依据。

对夜间通风作用下的绿化屋顶房间热环境的单因素分析后发现，绿化屋顶的结构层和土壤层在热量传递上相互影响，须将其看作一个整体进行更深入的研究。进而对土壤层厚度和结构层蓄热性能同时作用时对室内热环境以及屋顶蓄放热的影响进行了分析，得出结论：进行夜间通风工况下的绿化屋顶设计时，要同时考虑结构层蓄热性能和土壤厚度，结构层蓄热性能越高、土壤越厚则降温效果越好。如果由于荷载或其他原因须选择较薄土壤时，应考虑增强屋顶蓄热材料性能。

最后，在单因素分析的基础上，采用 EnergyPlus 软件模拟计算得到不同屋顶蓄热材料、不同土壤厚度、不同换气次数下室内外最大温差随室外昼夜温差变化的函数曲线。以此作为衡量夜间通风作用下绿化屋顶降温效果的工具。该评估工具简单有效，能广泛地运用于各类适宜采用夜间通风和绿化屋顶相结合的建筑中。设计人员、开发商和使用者都能较为直观地了解该项节能技术在夏季的降温效果。

5.1 研究结论

5.1.1 实验研究结论

在重庆大学校园内搭建 2 个构造、规格完全相同的实验箱（其中一个实验箱屋顶放置模块式绿化植物，另一个实验箱为对比裸屋顶实验箱），于 2015 年及 2016 年夏季分别对这两个实验箱的各温度及热流参数进行对比实验。实验工况包括夜间自然通风、夜间机械通风、全天封闭。此外，还对两种绿化屋顶植物对太阳辐射的透射率、反射率和吸收率进行了测量。对所测得的实验数据进行对比分析后得出以下结论：

（1）绿化屋顶采用夜间通风可引入室外低温空气置换室内热空气，并将冷量存储于室内围护结构中用于次日抵消部分室内得热的作用，以弥补绿化屋顶夜间不利于屋顶散热的不足。

（2）在夜间通风时段，采用较低通风速度掠过屋面板，使冷量存储在屋面板中，再在白天得以释放，比用较大风速冷却整个实验箱更为经济有效。

（3）在气候因素中，太阳辐射对绿化屋顶外表面温差、室内温差及热流差的影响最为显著，其次是室外空气温度及室外风速。

（4）土壤含水量与绿化屋顶内外表面温度及热流量的相关性较强，表明增加土壤含水量可在很大程度上降低屋顶内外表面温度，并使得热量由室内流向室外。

（5）本实验所采用的绿化植物落地生根和德国景天在繁茂时期，可使 85%的太阳辐射通过植物的反射、吸收被消耗掉。

（6）绿化屋顶植物叶片的太阳辐射透射率是一个随时间变化的动态值。通过进行回归分析。本书提出了绿化屋顶叶片动态遮阳系数 LSC。通过实验数据整理得到落地生根和德国景天在重庆地区的气候条件下，两种植物的动态遮阳系数随天数的变化方程。

（7）提出了夜间通风作用下屋顶绿化降温效果评价指标：屋顶温差比率 RTDR 和屋顶内表面放吸热比 RHR。

由以上实验结论可以得出：绿化屋顶与夜间通风结合后对夏季隔热降温蓄冷的效果受到诸多因素的影响，如当地气候情况、外墙保温性能、通风量、屋顶构造层的蓄放热性能、植物特性等。通过实验还发现，绿化屋顶在白天的隔热降温效果显著，但夜间通风的蓄冷效果并不突出。因此，如何更大限度地发挥绿化屋顶与夜间通风相结合后的降温效果是本书的研究重点和难点。这也意味着需要对外墙保温性能、夜间通风换气次数以及绿化屋顶构造层（绿化植物、土壤厚度、屋面板材料）进行合理的设计，使绿化屋顶与夜间通风的结合最大限度地减少房间得热。

5.1.2 模拟研究结论

在模拟研究中，首先对数值模拟软件 EnergyPlus 的基本功能进行了介绍，引入了绿化屋顶的能量平衡模型，分别分析了植物冠层部分和土壤部分显热和潜热的能量交换，并探讨了模型中所涉及的相关参数取值。通过模拟结果与实测值的对比分析发现，实测和模拟结果的变化规律一致，两者波幅都比较吻合。模拟结果和实验测量值的平均偏差（MBE）和均方根误差（RMSE）均在 11.6%以内。这说明数值模型能基本反映两种屋顶的真实降温效果，模型结果可信。

在对模型的可靠性进行验证后，通过 EnergyPlus 模拟软件对影响绿化屋顶及夜间通风的各主要影响因素进行模拟分析发现：叶面积指数、土壤层厚度、灌溉量、换气次数、结构层蓄热性能及昼夜温差对室内温度的影响突出，而植物高度对其的影响可忽略不计。

通过对这些影响因素与室内温度以及屋顶内表面热流之间的关系进行定性分析，为设计者选择植物种类、土壤厚度、灌溉方式、屋顶构造及房间通风设计提供更多的参考依据。

通过实验研究发现，绿化屋顶的结构层和土壤层在传热过程中相互影响，应将其作为一个整体进行进一步研究。通过模拟分析得出结论：为加强夜间通风与绿化屋顶联合作用的降温效果，在条件允许的情况下，应尽量选择蓄热性能高的屋面板材料和较厚的土壤。此外，还将绿化屋顶与双层架空屋顶的隔热降温效果进行了对比，发现双层架空屋顶在夜间更有利于屋顶放热，但在白天的隔热降温效果较绿化屋顶差。从全天来看，绿化屋顶的降温效果优于双层架空屋顶。

最后，在单因素分析的基础上，采用 EnergyPlus 软件模拟计算得到不同屋顶蓄热材料、不同土壤厚度、不同换气次数下室内外最大温差随室外昼夜温差变化的函数曲线。以此作为评估夜间通风作用下绿化屋顶降温效果的工具。该评估工具简单有效，设计人员、开发商和使用者都能较为直观地了解该项节能技术在夏季的降温效果，使其能更为广泛地运用于各类适宜于采用夜间通风和绿化屋顶相结合的建筑中。

本书通过对绿化屋顶与夜间通风共同作用下的室内热环境和屋顶传热进行了实验和模拟研究，为该技术的定量分析和评价提供了一定的参考。目前对于屋顶绿化的研究一般是在空调工况或关闭门窗的状态下进行测量或模拟的（He et al.，2016；Jim，2014；Jaffal et al.，2012；Bevilacqua et al.，2016；Silva et al.，2016；Santamouris et al.，2007），近几年随着相变材料（PCMs）的兴起，夜间通风一般是与相变材料相结合的研究（Elarga et al.，2017；Solgi et al.，2017；Xiang et al.，2015；Solgi et al.，2016）。本书与以往研究最大的不同是将屋顶绿化与夜间通风两种被动式节能技术结合起来，白天利用绿化屋顶的隔热降温效果阻止太阳辐射对屋顶的直接影响，使屋顶内外表面均维持较低且稳定的温度；夜晚利用夜间通风将室外冷空气引入室内，弥补绿化屋顶夜间不利于屋顶散热的不足。本书对于得到的研究成果进行了以下讨论：

（1）由于绿化屋顶及夜间通风的降温效果受气候影响十分显著，因此由实验和模拟得出的相关公式仅适用于与重庆气候条件相似的地区，但实验方法、思路和模拟方法可运用于更多的地区。

（2）通过实验得到的落地生根和德国景天叶片的动态遮阳系数不仅可以为设计师在绿化屋顶选择上提供参考，也可作为施工及栽培人员种植植物的依据。此外，如能将其运用于数值模拟中，则能更为准确地量化降温节能效果。但目前 EnergyPlus 还不具备输入动态遮阳系数的功能。

（3）本书实验部分采用人工灌溉，由实验及模拟数据可知，土壤含水量对夏季室内降温影响显著。因此，在实际应用中，如预算允许，可设置自动灌溉系统。此外，由于绿化屋顶还兼有减少城市雨水径流的作用，可将绿化屋顶的排水系统纳入雨水收集系统设计当中。当降雨量较大，土壤达到饱和后多余的雨水可以得到合理的利用。

（4）由于绿化屋顶植物的蒸发蒸腾作用，使得绿化屋顶周围的空气温度较低、相对湿度较高、氧气含量更高。从人体舒适度角度考虑，空气湿度低于30%或高于70%会使人体产生不适。而在白天使用空调房间内一般空气较为干燥，夜间通入相对湿度及含氧量较高的低温空气更有利于增加室内空气湿度，改善室内空气品质，使人体感觉更为舒适。但如果相对湿度超过70%则需要增设除湿设备，或停止夜间通风采用空调设备。

本书从实验到模拟对绿化屋顶进行隔热效果及影响参数分析，从结果来看绿化屋顶的隔热效果非常显著，这也正是现在全社会积极提倡的生态的隔热手段，但限于时间和精力，还有许多问题需要进一步研究。在本书工作结束后，将重点探讨以下几个方面的问题：

（1）植物特性研究。本书在模拟中，植物叶片的物理特征，包括植物反射率、发射率和最小气孔阻力等都根据文献采用经验值，但不同类型的植物其植物特性有较大差别，因此在后续的研究中，还需要对不同植物的叶片进行叶片物理特征的测定，以便能更准确地反映绿化隔热地真实效果。

（2）外围护结构的影响。本书的研究主要集中在对屋顶热工参数的解析上，只对外墙保温性能的影响进行了分析，而建筑的其他围护结构如外窗、遮阳构件均会对绿化屋顶及夜间通风产生影响，有待今后进一步深入研究。

（3）夜间通风蓄冷构件。为重点研究屋顶的蓄热放热性能，本书实验中的墙、地面内表面采用聚乙烯泡沫板进行了内保温。这削弱了夜间通风可能提供的蓄冷能力。在实际建筑中，房间围护结构内表面、家具或其他蓄热体均可以蓄存冷量，这可以大大提高夜间通风的降温效果，在后续研究中可加入该部分研究内容。

（4）室内舒适性评价。本书着重研究绿化屋顶与夜间通风联合作用的传热和降温问题，但未涉及室内舒适度的评价，在后续研究中还应增加该部分内容。

参考文献

[1] ABDEL-GHANY A M, AL-HELAL I M. Solar energy utilization by a greenhouse: general relations [J]. Renewable Energy, 2011, 36(1): 189-196.

[2] AFLAKI A, MAHYUDDIN N, MAHMOUD Z A C, et al. A review on natural ventilation applications through building facade components and ventilation openings in tropical climates [J]. Energy and Buildings, 2015, 101: 153-162.

[3] ALLARD F, Santamouris M. Natural Ventilation in Buildings: a Design Handbook[M]. London: Earthscan Publications Ltd., 1998.

[4] AKBARI H, MENON S, ROSENFELD A. Global cooling: increasing world-wide urban albedos to offset CO_2[J]. Climatic Change, 2009, 94(3): 275-286.

[5] ALEXANDRI E, JONES P. Temperature decreases in an urban canyon due to green walls and green roofs in diverse climates [J]. Building and Environment, 2008, 43(4): 480-493.

[6] ALIZADEH M, SADRAMELI S M. Development of free cooling based ventilation technology for buildings: thermal energy storage (TES) unit, performance enhancement techniques and design considerations: a review [J]. Renewable and Sustainable Energy Reviews, 2016, 58: 619-645.

[7] ALLARD F. Natural ventilation of buildingss: a design handbook[M]. 2nd edition. James & James Ltd, 2002.

[8] ANTONOPOULOS K A, KORONAKI E. Apparent and effective thermal capacitance of buildings [J]. Energy, 1998, 23(3): 183-192.

[9] ANTONOPOULOS K A, KORONAKI E. Envelope and indoor thermal capacitance of buildings [J]. Applied Thermal Engineering, 1999, 19(7): 743-756.

[10] ANTONOPOULOS K A, KORONAKI E P. Thermal parameter components of building envelope [J]. Applied Thermal Engineering, 2000, 20(13): 1193-1211.

[11] ANTONOPOULOS K A, KORONAKI E P. On the dynamic thermal behaviour of indoor spaces [J]. Applied Thermal Engineering, 2001, 21(9): 929-940.

[12] ARTMANN N, JENSEN R L, MANZ H, et al. Experimental investigation of heat transfer during night-time ventilation [J]. Energy and Buildings, 2010, 42(3): 366-374.

[13] ARTMANN N, MANZ H, HEISELBERG P. Climatic potential for passive cooling of buildings by night-time ventilation in Europe [J]. Applied Energy, 2007, 84(2): 187-201.

[14] ARTMANN N, MANZ H, HEISELBERG P. Parameter study on performance of building cooling by night-time ventilation [J]. Renewable Energy, 2008, 33(12): 2589-2598.

[15] ASCIONE F, BIANCO N, DE'ROSSI F, et al. Green roofs in European climates. Are effective solutions for the energy savings in air-conditioning? [J]. Applied Energy, 2013, 104: 845-859.

[16] ASNER G P, SCURLOCK J M O, HICKE J A. Global synthesis of leaf area index observations: implications for ecological and remote sensing studies [J]. Global Ecology and Biogeography, 2003, 12(3): 191-205.

[17] Autodesk Education Community. Night-PurgeVentilation[DB/OL]. https: //sustainabilityworkshop. autodesk. com/buildings/night-purge-ventilation, 2017.

[18] BALARAS C A. The role of thermal mass on the cooling load of buildings. An overview of computational methods [J]. Energy and Buildings, 1996, 24 (1): 1-10.

[19] BALCOMB J D. Heat storage and distribution inside passive-solar buildings [M]. NM: Los Alamos National Lab, 1983.

[20] BALICK L K, SCOGGINS R K, LINK L E. Inclusion of a Simple Vegetation layer in terrain temperature models for thermal IR signature prediction [J]. IEEE Transactions on Geoscience and Remote Sensing, 1981, 19(3): 143-152.

[21] BARZIN R, CHEN J J J, YOUNG B R, et al. Application of PCM energy storage in combination with night ventilation for space cooling [J]. Applied Energy, 2015, 158: 412-421.

[22] BATES A J, SADLER J P, MACKAY R. Vegetation development over four years on two green roofs in the UK [J]. Urban Forestry & Urban Greening, 2013, 12(1): 98-108.

[23] BENTLEY. AECOsim Energy Simulator Introduction [Z]. 2017.

[24] BERARDI U, GHAFFARIANHOSEINI A, GHAFFARIANHOSEINI A. State-of-the-art analysis of the environmental benefits of green roofs [J]. Applied Energy, 2014, 115: 411-428.

[25] BERARDI U, LA ROCHE P, ALMODOVAR J M. Water-to-air-heat exchanger and indirect evaporative cooling in buildings with green roofs [J]. Energy and Buildings, 2017, 151: 406-417.

[26] BEVILACQUA P, COMA J, PEREZ G, et al. Plant cover and floristic composition effect on thermal behaviour of extensive green roofs [J]. Building and Environment, 2015, 92: 305-316.

[27] BEVILACQUA P, MAZZEO D, BRUNO R, et al. Experimental investigation of the thermal performances of an extensive green roof in the Mediterranean area [J]. Building and Environment, 2016, 122: 63-79.

[28] BIRTLES A B, KOLOKOTRONI M, PERERA M. Night cooling and ventilation design for office-type buildings [J]. Renewable Energy, 1996, 8(1-4): 259-263.

[29] BLONDEAU P, SPERANDIO M, ALLARD F. Night ventilation for building cooling in summer [J]. Solar Energy, 1997, 61(5): 327-335.

[30] BØRRESEN B A. Thermal room models for control analysis [J]. ASHRAE Transactions, 1981, 87: 251-261.

[31] BOWLER D E, BUYUNG-ALI L, KNIGHT T M, et al. Urban greening to cool towns and cities: a systematic review of the empirical evidence [J]. Landscape and Urban Planning, 2010, 97(3): 147-155.

[32] CALAUTIT J K, HUGHES B R. Wind tunnel and CFD study of the natural ventilation performance of a commercial multi-directional wind tower [J]. Building and Environment, 2014a, 80: 71-83.

[33] CALAUTIT J K, O'CONNOR D, HUGHES B. Determining the optimum spacing and arrangement for commercial wind towers for ventilation performance [J]. Building and Environment, 2014b, 82: 274-287.

[34] CASTLETON H F, HATHWAY E A, MURPHY E, et al. Monitoring performance of a combined water recycling system [J]. Proceedings of the Institution of Civil Engineers-Engineering Sustainability, 2014, 167(3): 108-117.

[35] CASTLETON H F, STOVIN V, BECK S B M, et al. Green roofs; building energy savings and the potential for retrofit [J]. Energy and Buildings, 2010, 42 (10): 1582-1591.

[36] CHENARI B, CARRILHO J D, DA SILVA M G. Towards sustainable, energy-efficient and healthy ventilation strategies in buildings: a review [J]. Renewable & Sustainable Energy Reviews, 2016, 59: 1426-1447.

[37] COMA J, PÉREZ G, SOLÉ C, et al. Thermal assessment of extensive green roofs as passive tool for energy savings in buildings [J]. Renewable Energy, 2016, 85: 1106-1115.

[38] CORGNATI S P, KINDINIS A. Thermal mass activation by hollow core slab coupled with night ventilation to reduce summer cooling loads [J]. Building and Environment, 2007, 42(9): 3285-3297.

[39] COSTANZO V, EVOLA G, MARLETTA L. Energy savings in buildings or UHI mitigation? Comparison between green roofs and cool roofs [J]. Energy and Buildings, 2016, 114: 247-255.

[40] DA GRACA G C, CHEN Q, GLICKSMAN L R, et al. Simulation of wind-driven ventilative cooling systems for an apartment building in Beijing and Shanghai [J]. Energy and Buildings, 2002, 34(1): 1-11.

[41] DE GRACIA A, NAVARRO L, COMA J, et al. Experimental set-up for testing active and passive systems for energy savings in buildings: lessons learnt [J]. Re-

newable and Sustainable Energy Reviews，2018，82：1014-1026.
[42] DE SAULLES T. Thermal mass：a concrete solution for the changing climate [R]. The Concrete Centre，Camberley (UK)，2005.
[43] DEARDORFF J W. Efficient Prediction of Ground Surface-Temperature and Moisture，with Inclusion of a Layer of Vegetation [J]. Journal of Geophysical Research-Oceans and Atmospheres，1978，83(C4)：1889-1903.
[44] DEKAY M，BROWN G Z. Sun，Wind，and Light：Architectural Design Strategies[M]. New Iersey，2013.
[45] DESIGNBUILDER. Designbuilder Software Product Overview [Z]. 2017.
[46] DJEDJIG R，BOZONNET E，BELARBI R. Analysis of thermal effects of vegetated envelopes：integration of a validated model in a building energy simulation program [J]. Energy and Buildings，2015，86：93-103.
[47] DOE. EnergyPlus introduction [Z]. 2016a.
[48] DOE. Engineering reference [Z]. 2016b.
[49] DOE. (United States Department of Energy). Getting started with EnergyPlus：essential information you need about running EnergyPlus [Z]. 2016c.
[50] DOE(United States Department of Energy). Input output reference of EnergyPlus [Z]. 2016d.
[51] ELARGA H，FANTUCCI S，SERRA V，et al. Experimental and numerical analyses on thermal performance of different typologies of PCMs integrated in the roof space [J]. Energy and Buildings，2017，150：546-557.
[52] EPA(United States Environmental Protection Agency). The EPA cost of illness handbook[R]，2007.
[53] EZZELDIN S，REES S，COOK M. Performance of mixed-mode cooling strategies for office buildings in arid climates[C]//IBPSA 2009-International Building Performance Simulation Association 2009：1053-1060.
[54] FENG C，MENG Q L，ZHANG Y F. Theoretical and experimental analysis of the energy balance of extensive green roofs [J]. Energy and Buildings，2010，42 (6)：959-965.
[55] FRANKENSTEIN S，KOENIG G. Fast all-season soil strength(FASST)：ERDC/CRREL SR-04-1 [R]. U.S. Army Corps of Engineers，Engineer Research and Development Center，Cold Regions Research and Engineering Laboratory，2004b.
[56] GUYMON G L，BERG R L，HROMADKA T V. Mathematical model of frost heave and thaw Settlement in Pavements [R]. U.S. Army Cold Regions Research and Engineering Laboratory，1993.
[57] GAGLIANO A，DETOMMASO M，NOCERA F，et al. A multi-criteria methodology for comparing the energy and environmental behavior of cool，green and tra-

ditional roofs [J]. Building and Environment, 2015, 90: 71-81.

[58] GAITANI N, SPANOU A, SALIARI M, et al. Improving the microclimate in urban areas: a case study in the centre of Athens [J]. Building Services Engineering Research & Technology, 2011, 32(1): 53-71.

[59] GEETHA N B, VELRAJ R. Passive cooling methods for energy efficient buildings with and without thermal energy storage: a review [J]. Energy Education Science and Technology Part a: Energy Science and Research, 2012, 29(2): 913-946.

[60] GEROS V, SANTAMOURIS M, KARATASOU S, et al. On the cooling potential of night ventilation techniques in the urban environment [J]. Energy and Buildings, 2005, 37(3): 243-257.

[61] GEROS V, SANTAMOURIS M, TSANGRASOULIS A, et al. Experimental evaluation of night ventilation phenomena [J]. Energy and Buildings, 1999, 29(2): 141-154.

[62] GETTER K L, ROWE D B, ANDRESEN J A, et al. Seasonal heat flux properties of an extensive green roof in a Midwestern US climate [J]. Energy and Buildings, 2011, 43(12): 3548-3557.

[63] GILL S E, HANDLEY J F, ENNOS A R, et al. Adapting Cities for Climate Change: the Role of the Green Infrastructure [J]. Built Environment, 2007, 33(1): 115-133.

[64] GIVONI B. Man, climate and architecture [M]. 2nd Edition. London: Applied Science Publishers, 1976.

[65] GIVONI B. Performance and Applicability of Passive and Low-Energy Cooling Systems [J]. Energy and Buildings, 1991, 17(3): 177-199.

[66] GIVONI B. Comfort, Climate Analysis and Building Design Guidelines [J]. Energy and Buildings, 1992, 18(1): 11-23.

[67] GIVONI B. Passive and Low Energy Cooling of Buildings[M]. Van Nostrand Reinhold, 1994.

[68] GIVONI B. Indoor temperature reduction by passive cooling systems [J]. Solar Energy, 2011, 85(8): 1692-1726.

[69] GIVONI B, LA ROCHE P. Modeling a radiant cooling test cell with different Ua values[C]//Proceedings of PLEA 2002 Conference (Passive and Low Energy Architecture). Toulouse, 2002.

[70] GRONDZIK W T, KWOK A G, STEIN B, et al. Mechanical and electrical equipment for buildings[M]. 13th edition. New York : John Wiley & Sons, 2019.

[71] HANIF M, MAHLIA T M I, ZARE A, et al. Potential energy savings by radiative cooling system for a building in tropical climate [J]. Renewable & Sustainable Energy Reviews, 2014, 32: 642-650.

[72] HE H, JIM C Y. Simulation of thermodynamic transmission in green roof ecosystem [J]. Ecological Modelling, 2010, 221(24): 2949-2958.

[73] HE Y, YU H, DONG N N, et al. Thermal and energy performance assessment of extensive green roof in summer: a case study of a lightweight building in Shanghai [J]. Energy and Buildings, 2016, 127: 762-773.

[74] Henderson-Sellers B. A new formula for latent-heat of vaporization of water as a function of temperature[J]. Quarterly Journal of the Royal Meteorological Society, 1984, 110(466): 1186-1190.

[75] HODO-ABALO S, BANNA M, ZEGHMATI B. Performance analysis of a planted roof as a passive cooling technique in hot-humid tropics [J]. Renewable Energy, 2012, 39(1): 140-148.

[76] HOLMAN J P. Heat Transfer[M]. New York: McGraw-Hill, 1997.

[77] HUGHES J P, LETTENMAIER D P, GUTTORP P. A stochastic approach for assessing the effect of changes in synoptic circulation patterns on gauge precipitation [J]. Water Resources Research, 1993, 29(10): 3303-3315.

[78] JAFFAL I, OULDBOUKHITINE S E, BELARBI R. A comprehensive study of the impact of green roofs on building energy performance [J]. Renewable Energy, 2012, 43: 157-164.

[79] JAMEI E, CHAU H W, SEYEDMAHMOUDIAN M, et al. Review on the cooling potential of green roofs in different climates [J]. Science of the Total Environment, 2021, 791.

[80] JIM C Y. Building thermal-insulation effect on ambient and indoor thermal performance of green roofs [J]. Ecological Engineering, 2014, 69: 265-275.

[81] JIM C Y. Assessing climate-adaptation effect of extensive tropical green roofs in cities [J]. Landscape and Urban Planning, 2015, 138: 54-70.

[82] JIM C Y, HE H M. Coupling heat flux dynamics with meteorological conditions in the green roof ecosystem [J]. Ecological Engineering, 2010, 36(8): 1052-1063.

[83] JIM C Y, TSANG SW. Biophysical properties and thermal performance of an intensive green roof [J]. Building and Environment, 2011a, 46(6): 1263-1274.

[84] JIM C Y, TSANG SW. Ecological energetics of tropical intensive green roof [J]. Energy and Buildings, 2011b, 43(10): 2696-2704.

[85] JOMEHZADEH F, NEJAT P, CALAUTIT J K, et al. A review on windcatcher for passive cooling and natural ventilation in buildings, part 1: indoor air quality and thermal comfort assessment [J]. Renewable & Sustainable Energy Reviews, 2017, 70: 736-756.

[86] KALOGIROU S A, FLORIDES G, TASSOU S. Energy analysis of buildings employing thermal mass in Cyprus [J]. Renewable Energy, 2002, 27(3):

353-368.

[87] KOLOKOTRONI M, ARONIS A. Cooling-energy reduction in air-conditioned offices by using night ventilation [J]. Applied Energy, 1999, 63(4): 241-253.

[88] KRÜGER E, GONZÀLEZ CRUZ E, GIVONI B. Effectiveness of indirect evaporative cooling and thermal mass in a hot arid climate [J]. Building and Environment, 2010, 45(6): 1422-1433.

[89] KUBOTA T, CHYEE D T H, AHMAD S. The effects of night ventilation technique on indoor thermal environment for residential buildings in hot-humid climate of Malaysia [J]. Energy and Buildings, 2009, 41(8): 829-839.

[90] LA ROCHE P, BERARDI U. Comfort and energy savings with active green roofs [J]. Energy and Buildings, 2014, 82: 492-504.

[91] LA ROCHE P, MILNE M. Effects of window size and thermal mass on building comfort using an intelligent ventilation controller [J]. Solar Energy, 2004, 77 (4): 421-434.

[92] LAZZARIN R A, CASTELLOTTI F, BUSATO F. Experimental measurements and numerical modelling of a green roof [J]. Energy and Buildings, 2005, 37 (12): 1260-1267.

[93] LE DRÉAU J, HEISELBERG P, JENSEN R L. Experimental investigation of convective heat transfer during night cooling with different ventilation systems and surface emissivities [J]. Energy and Buildings, 2013, 61: 308-317.

[94] LIU K K Y, MINOR J. Performance evaluation of an extensive green roof [EB/OL]. https: //www. academia. edu/1055929/Performance_evaluation_of_an_extensive_green_roof. 2005: 1-11.

[95] LUMLEY J L, PANOFSKY H A. The Structure of Atmospheric Turbulence [M]. New York: Wiley, 1964.

[96] MANZANO-AGUGLIARO F, MONTOYA F G, SABIO-ORTEGA A, et al. Review of bioclimatic architecture strategies for achieving thermal comfort [J]. Renewable & Sustainable Energy Reviews, 2015, 49: 736-755.

[97] MATHIEU R, FREEMAN C, ARYAL J. Mapping private gardens in urban areas using object-oriented techniques and very high-resolution satellite imagery [J]. Landscape and Urban Planning, 2007, 81(3): 179-192.

[98] MILNE M, LIGGETT R, AL-SHAALI R. Climate Consultant 3.0: a completely new version of the design visualizing the energy Implications of California's climates [Z]. 2007.

[99] MITCHELL C F, BURBERRY P. Mitchell's Practical Thermal Design in Buildings[M]. BT Batsford Limited, 1983.

[100] MOODY S S, SAILOR D J. Development and application of a building energy performance metric for green roof systems [J]. Energy and Buildings, 2013, 60:

262-269.

[101] MOOSAVI L, MAHYUDDIN N, AB GHAFAR N, et al. Thermal performance of atria: an overview of natural ventilation effective designs [J]. Renewable & Sustainable Energy Reviews, 2014, 34: 654-670.

[102] MORAU D, LIBELLE T, GARDE F. Performance evaluation of green roof for thermal protection of buildings In Reunion Island [J]. Energy Procedia, 2012, 14: 1008-1016.

[103] MORRIS F, AHMED A Z, ZAKARIA N Z. Thermal performance of naturally ventilated test building with pitch and ceiling insulation[C]//2011 3rd International Symposium & Exhibition in Sustainable Energy & Environment (ISESEE). 2011: 221-226.

[104] NIACHOU A, PAPAKONSTANTINOU K, SANTAMOURIS M, et al. Analysis of the green roof thermal properties and investigation of its energy performance [J]. Energy and Buildings, 2001, 33(7): 719-729.

[105] NREL (National Renewable Energy Laboratory). OpenStudio introduciton [Z]. 2017a.

[106] NREL(National Renewable Energy Laboratory). Third-Party Graphical User Interfaces [Z]. 2017b.

[107] OKE T R. Boundary Layer Climates[M]. London: Methuen, 1978.

[108] OKE T R, JOHNSON G T, STEYN D G, et al. Simulation of surface urban heat islands under'ideal'conditions at night part 2: diagnosis of causation [J]. Boundary-Layer Meteorology, 1991, 56(4): 339-358.

[109] OLIVIERI F, DI PERNA C, D'ORAZIO M, et al. Experimental measurements and numerical model for the summer performance assessment of extensive green roofs in a Mediterranean coastal climate [J]. Energy and Buildings, 2013, 63: 1-14.

[110] ONDIMU S, MURASE H. Combining Galerkin methods and neural network analysis to inversely determine thermal conductivity of living green roof materials [J]. Biosystems Engineering, 2007, 96(4): 541-550.

[111] OULDBOUKHITINE S E, BELARBI R, DJEDJIG R. Characterization of green roof components: measurements of thermal and hydrological properties [J]. Building and Environment, 2012, 56: 78-85.

[112] OULDBOUKHITINE S E, BELARBI R, JAFFAL I, et al. Assessment of green roof thermal behavior: a coupled heat and mass transfer model [J]. Building and Environment, 2011, 46(12): 2624-2631.

[113] PANDEY S, HINDOLIYA D A, MOD R. Experimental investigation on green roofs over buildings [J]. International Journal of Low-Carbon Technologies, 2013, 8(1): 37-42.

[114] PFAFFEROTT J, HERKEL S, JASCHKE M. Design of passive cooling by night ventilation: evaluation of a parametric model and building simulation with measurements [J]. Energy and Buildings, 2003, 35(11): 1129-1143.

[115] PFAFFEROTT J, HERKEL S, WAMBSGANSS M. Design, monitoring and evaluation of a low energy office building with passive cooling by night ventilation [J]. Energy and Buildings, 2004, 36(5): 455-465.

[116] RAJI B, TENPIERIK M J, VAN DEN DOBBELSTEEN A. The impact of greening systems on building energy performance: a literature review [J]. Renewable & Sustainable Energy Reviews, 2015, 45: 610-623.

[117] RAMPONI R, GAETANI I, ANGELOTTI A. Influence of the urban environment on the effectiveness of natural night-ventilation of an office building [J]. Energy and Buildings, 2014, 78: 25-34.

[118] RINCON L, COMA J, PEREZ G, et al. Environmental performance of recycled rubber as drainage layer in extensive green roofs. A comparative Life Cycle Assessment [J]. Building and Environment, 2014, 74: 22-30.

[119] RUUD M D, MITCHELL JW, KLEIN S A. Use of building thermal mass to offset cooling loads[J]. ASHRAE Transactions, 1990: 96(2): 820-829.

[120] FRANKENSTEIN S, KOENIG G. FASST vegetation models: ERDC/CRREL TR-04-25 [R]. U. S. Army Corps of Engineers, Engineer Research and Development Center, Cold Regions Research and Engineering Laboratory, 2004.

[121] SAADATIAN O, SOPIAN K, SALLEH E, et al. A review of energy aspects of green roofs [J]. Renewable & Sustainable Energy Reviews, 2013, 23: 155-168.

[122] SAILOR D, HUTCHINSON D, BOKOVOY L. Thermal property measurements for ecoroof soils common in the western US [J]. Energy and Buildings, 2008, 40(7): 1246-1251.

[123] SAILOR D J. A green roof model for building energy simulation programs [J]. Energy and Buildings, 2008, 40(8): 1466-1478.

[124] SAILOR D J, HAGOS M. An updated and expanded set of thermal property data for green roof growing media [J]. Energy and Buildings, 2011, 43 (9): 2298-2303.

[125] SAILOR D J, ELLEY T B, GIBSON M. Exploring the building energy impacts of green roof design decisions: a modeling study of buildings in four distinct climates [J]. Journal of Building Physics, 2012, 35(4): 372-391.

[126] SANTAMOURIS M, Asimakopoulos D. Passive Cooling of Buildings[M]. London: James & James (Science Publishers) Ltd. , 1996.

[127] SANTAMOURIS M. Cooling the cities: a review of reflective and green roof mitigation technologies to fight heat island and improve comfort in urban environ-

ments [J]. Solar Energy，2014，103：682-703.

[128] SANTAMOURIS M. Cooling the buildings-past，present and future [J]. Energy and Buildings，2016，128(Supplement C)：617-638.

[129] SANTAMOURIS M，GAITANI N，SPANOU A，et al. Using cool paving materials to improve microclimate of urban areas：design realization and results of the flisvos project [J]. Building and Environment，2012，53：128-136.

[130] SANTAMOURIS M，KOLOKOTSA D. Passive cooling dissipation techniques for buildings and other structures：the state of the art [J]. Energy and Buildings，2013，57：74-94.

[131] SANTAMOURIS M，MIHALAKAKOU G，ARGIRIOU A，et al. On the efficiency of night ventilation techniques for thermostatically controlled buildings [J]. Solar Energy，1996，56(6)：479-483.

[132] SANTAMOURIS M，PAPANIKOLAOU N，LIVADA I，et al. On the impact of urban climate on the energy consumption of buildings [J]. Solar Energy，2001，70(3)：201-216.

[133] SANTAMOURIS M，PAVLOU C，DOUKAS P，et al. Investigating and analysing the energy and environmental performance of an experimental green roof system installed in a nursery school building in Athens，Greece [J]. Energy，2007，32(9)：1781-1788.

[134] SARRAT C，LEMONSU A，MASSON V，et al. Impact of urban heat island on regional atmospheric pollution [J]. Atmospheric Environment，2006，40(10)：1743-1758.

[135] SCHWEITZER O，ERELL E. Evaluation of the energy performance and irrigation requirements of extensive green roofs in a water-scarce Mediterranean climate [J]. Energy and Buildings，2014，68，Part A：25-32.

[136] SNODGRASS E C，SNODGRASS L L. Green roof plants：a resource and planting guide[M]. London：Timber Press，2006.

[137] SEFAIRA. Sefaira Software Product Overview [Z]. 2017.

[138] SHAVIV E，YEZIORO A，CAPELUTO I G. Thermal mass and night ventilation as passive cooling design strategy [J]. Renewable Energy，2001，24(3-4)：445-452.

[139] SHIMMY H. A brief history of roof gardens [EB/OL]. 2012-07-12. https：//www. heathershimmin. com/a-brief-history-of-roof-gardens.

[140] SILVA C M，GOMES M G，SILVA M. Green roofs energy performance in Mediterranean climate [J]. Energy and Buildings，2016，116：318-325.

[141] SIMMONS M T，GARDINER B，WINDHAGER S，et al. Green roofs are not created equal：the hydrologic and thermal performance of six different extensive green roofs and reflective and non-reflective roofs in a sub-tropical climate [J].

Urban Ecosystems, 2008, 11(4): 339-348.

[142] SOLGI E, FAYAZ R, KARI B M. Cooling load reduction in office buildings of hot-arid climate, combining phase change materials and night purge ventilation [J]. Renewable Energy, 2016, 85: 725-731.

[143] SOLGI E, KARI B M, FAYAZ R, et al. The impact of phase change materials assisted night purge ventilation on the indoor thermal conditions of office buildings in hot-arid climates [J]. Energy and Buildings, 2017, 150: 488-497.

[144] SPALA A, BAGIORGAS H S, ASSIMAKOPOULOS M N, et al. On the green roof system. Selection, state of the art and energy potential investigation of a system installed in an office building in Athens, Greece [J]. Renewable Energy, 2008, 33(1): 173-177.

[145] SPEAK A F, ROTHWELL J J, LINDLEY S J, et al. Rainwater runoff retention on an aged intensive green roof [J]. Science of the Total Environment, 2013, 461: 28-38.

[146] SPOLEK G. Performance monitoring of three ecoroofs in Portland, Oregon [J]. Urban Ecosystems, 2008, 11(4): 349-359.

[147] SQUIER M, DAVIDSON C I. Heat flux and seasonal thermal performance of an extensive green roof [J]. Building and Environment, 2016, 107: 235-244.

[148] STATHOPOULOU E, MIHALAKAKOU G, SANTAMOURIS M, et al. On the impact of temperature on tropospheric ozone concentration levels in urban environments [J]. Journal of Earth System Science, 2008, 117(3): 227-236.

[149] SUN T, BOU-ZEID E, WANG Z H, et al. Hydrometeorological determinants of green roof performance via a vertically-resolved model for heat and water transport [J]. Building and Environment, 2013, 60: 211-224.

[150] TABARES-VELASCO P C, SREBRIC J. The role of plants in the reduction of heat flux through green roofs: laboratory experiments [J]. Ashrae Transactions, 2009, 115(2): 793-802.

[151] TABARES-VELASCO P C, SREBRIC J. Experimental quantification of heat and mass transfer process through vegetated roof samples in a new laboratory setup [J]. International Journal of Heat and Mass Transfer, 2011, 54(25-26): 5149-5162.

[152] TEEMUSK A, MANDER U. Greenroof potential to reduce temperature fluctuations of a roof membrane: a case study from Estonia [J]. Building and Environment, 2009, 44(3): 643-650.

[153] THEODOSIOU T G. Summer period analysis of the performance of a planted roof as a passive cooling technique [J]. Energy and Buildings, 2003, 35(9): 909-917.

[154] URGE-VORSATZ D, CABEZA L F, SERRANO S, et al. Heating and cooling

energy trends and drivers in buildings [J]. Renewable & Sustainable Energy Reviews, 2015, 41: 85-98.
[155] VAN DER MAAS J, ROULET C. Night time ventilation by stack effect [J]. ASHRAE Trans actions, 1991, 97(1): 516-524.
[156] VANWOERT N D, ROWE D B, ANDRESEN J A, et al. Green roof stormwater retention: effects of roof surface, slope, and media depth [J]. Journal of Environmental Quality, 2005, 34(3): 1036-1044.
[157] VIJAYARAGHAVAN K. Green roofs: a critical review on the role of components, benefits, limitations and trends [J]. Renewable & Sustainable Energy Reviews, 2016, 57: 740-752.
[158] VIJAYARAGHAVAN K, JOSHI U M, BALASUBRAMANIAN R. A field study to evaluate runoff quality from green roofs [J]. Water Research, 2012, 46 (4): 1337-1345.
[159] VIRK G, JANSZ A, MAVROGIANNI A, et al. Microclimatic effects of green and cool roofs in London and their impacts on energy use for a typical office building [J]. Energy and Buildings, 2015, 88: 214-228.
[160] WALKER J, HALLIDAY D, RESNICK R. Fundamentals of physics [M]. Hoboken, NJ: Wiley, 2008.
[161] WELSH-HUGGINS S J, LIEL A B. A life-cycle framework for integrating green building and hazard-resistant design: examining the seismic impacts of buildings with green roofs [J]. Structure and Infrastructure Engineering, 2017, 13(1): 19-33.
[162] WENG Q H, LU D S, SCHUBRING J. Estimation of land surface temperature-vegetation abundance relationship for urban heat island studies [J]. Remote Sensing of Environment, 2004, 89(4): 467-483.
[163] WILKINSON S J, REED R. Green roof retrofit potential in the central business district [J]. Property Management, 2009, 27(5): 284-301.
[164] WILLIAMS N S G, RAYNER J P, RAYNOR K J. Green roofs for a wide brown land: Opportunities and barriers for rooftop greening in Australia [J]. Urban Forestry & Urban Greening, 2010, 9(3): 245-251.
[165] WOLF D, LUNDHOLM J T. Water uptake in green roof microcosms: effects of plant species and water availability [J]. Ecological Engineering, 2008, 33(2): 179-186.
[166] WONG N H, CHEN Y, ONG C L, et al. Investigation of thermal benefits of rooftop garden in the tropical environment [J]. Building and Environment, 2003a, 38(2): 261-270.
[167] WONG N H, CHEONG D K W, YAN H, et al. The effects of rooftop garden on energy consumption of a commercial building in Singapore [J]. Energy and

Buildings，2003b，35(4)：353-364.

[168] XIANG Y T，ZHOU G B. Thermal performance of a window-based cooling unit using phase change materials combined with night ventilation [J]. Energy and Buildings，2015，108：267-278.

[169] XIAO M，LIN Y L，HAN J，et al. A review of green roof research and development in China [J]. Renewable and Sustainable Energy Reviews，2014，40：633-648.

[170] YAM J，LI Y G，ZHENG Z H. Nonlinear coupling between thermal mass and natural ventilation in buildings [J]. International Journal of Heat and Mass Transfer，2003，46(7)：1251-1264.

[171] YANG L，LI Y G. Cooling load reduction by using thermal mass and night ventilation [J]. Energy and Buildings，2008，40(11)：2052-2058.

[172] YANGW S，WANG Z Y，CUI J J，et al. Comparative study of the thermal performance of the novel green (planting) roofs against other existing roofs [J]. Sustainable Cities and Society，2015，16：1-12.

[173] ZHANG X，SHEN L，TAM VW Y，et al. Barriers to implement extensive green roof systems：a Hong Kong study [J]. Renewable and Sustainable Energy Reviews，2012，16(1)：314-319.

[174] ZHAO M J，SREBRIC J. Assessment of green roof performance for sustainable buildings under winter weather conditions [J]. Journal of Central South University of Technology，2012，19(3)：639-644.

[175] ZOMORODIAN Z S，TAHSILDOOST M，HAFEZI M. Thermal comfort in educational buildings：a review article [J]. Renewable & Sustainable Energy Reviews，2016，59：895-906.

[176] ZOULIA I，SANTAMOURIS M，DIMOUDI A. Monitoring the effect of urban green areas on the heat island in Athens [J]. Environmental Monitoring and Assessment，2009，156(1-4)：275-292.

[177] 董宏. 自然通风降温设计分区研究 [D]. 西安：西安建筑科技大学，2006.

[178] 付祥钊，高志明，康侍民. 改善长江流域住宅热环境的通风措施 [J]. 住宅科技，1994(4)：3-6.

[179] 付祥钊，高志明，康侍民. 住宅间歇机械通风的有关问题 [J]. 通风除尘，1995(1)：25-28.

[180] 付祥钊，高志明，康侍民. 长江流域住宅夏季通风降温方式探讨 [J]. 暖通空调，1996(3)：27-29.

[181] 付祥钊. 夏热冬冷地区建筑节能技术 [M]. 北京：中国建筑工业出版社，2002.

[182] 付祥钊. 长江流域间歇通风住宅外墙热工研究 [J]. 住宅科技，1995(2)：3-7.

[183] 金武. 简单式屋顶绿化系统的研究及其应用策略和效益分析 [D]. 杭州：浙江大学，2012.

[184] 李娟. 垂直面绿化植物遮阳系数与叶面积指数研究 [J]. 城市环境与城市生态, 2001(5): 4-5.
[185] 李艳. 西安市公共建筑屋顶绿化景观设计研究 [D]. 西安: 长安大学, 2011.
[186] 李峥嵘, 陈沛霖, 裴晓梅. 晚间通风房间热环境的改善 [J]. 建筑热能通风空调, 2001(3): 27-28.
[187] 仇保兴. 城市碳中和与绿色建筑 [J]. 城市发展研究, 2021, 28(7): 1-7.
[188] 唐鸣放. 自然通风建筑隔热降温理论与方法: 陈启高先生学术思想回顾 [J]. 西部人居环境学刊, 2013(6): 6-9.
[189] 王昭俊, 孙晓利, 赵加宁, 等. 利用夜间通风改善办公建筑热环境的实验研究 [J]. 哈尔滨工业大学学报, 2006, 38(12): 2084-2088.
[190] 武丽霞. 严寒地区大型超市应用夜间通风与人工制冷耦合运行研究 [D]. 哈尔滨: 哈尔滨工业大学, 2004.
[191] 杨程程. 屋顶绿化综合评价模型的建立与应用研究 [D]. 上海: 上海交通大学, 2012.
[192] 杨柳. 建筑气候分析与设计策略研究 [R]. 西安: 西安建筑科技大学, 2003.
[193] 杨真静. 绿化屋顶传热临界状态的隔热特性及热环境研究 [D]. 重庆: 重庆大学, 2013.
[194] 中国建筑节能协会. 中国建筑能耗研究报告 2020 [J]. 建筑节能(中英文), 2021, 49(2): 1-6.
[195] 周军莉. 建筑蓄热与自然通风耦合作用下室内温度计算及影响因素分析 [D]. 长沙: 湖南大学, 2009.
[196] 周军莉, 彭畅, 童宝龙, 等. 夜间通风计算方法及影响因素分析 [J]. 重庆大学学报(自然科学版), 2011(S1): 21-25.

后　记

本书以作者博士期间研究内容为基础，加入工作后的一些思考，可能还有很多不足之处，将在以后的研究与教学中去完善。

在此感谢我敬爱的恩师唐鸣放教授，您的一言一行使我切身感受到为人师表的含义。您扎实的理论基础、渊博的专业知识、高远的学术视野、严谨的治学态度、精益求精的工作作风、不慕名利的学者风范、和蔼可亲平易近人的人格魅力深深地烙印于我心，是我人生的指路明灯和终身学习的榜样。您时常教导我们："学习得靠自己，只有将被动学习变为主动学习，你才会体会到其中的乐趣，并取得成绩!"治学的道路是孤独而艰辛的，但也充满希望与惊喜，挑灯夜读、奋笔疾书时的酣畅淋漓让我真切体会到原来学习真的可以给我快乐。这些经历是磨砺人的意志，使人成长的最佳途径，也是我一生的宝贵财富。感谢您的谆谆教诲，师恩重如泰山！愿老师身体健康、阖家幸福!

感谢培育我的母校重庆大学以及我目前的工作单位西南科技大学，未来的道路漫长而崎岖，请记住此刻努力拼搏的自己，不忘初心。越过这座山峰，深吸一口气，继续前行。巅峰，不在千里之外，而在信念与汗水的夹缝之间!

蒋　琳

2022年10月于绵阳